U0176671

绿色渗透性城市

北京大型公园空间格局及演变机制

杨 鑫 吴思琦 著

中国建筑工业出版社

图书在版编目（CIP）数据

绿色渗透性城市：北京大型公园空间格局及演变机制／杨鑫，
吴思琦著. —北京：中国建筑工业出版社，2020.3
　ISBN 978-7-112-24891-9

　Ⅰ.①绿… Ⅱ.①杨… ②吴… Ⅲ.①城市公园－园林设计－研究－
北京 Ⅳ.①TU986.621

中国版本图书馆CIP数据核字（2020）第033707号

　　本书对北京市域范围内，大于20公顷的大型公园进行量化统计分析及现场调查，建立北京大型公园矢量数据库。利用ArcGIS平台对北京大型公园基础矢量数据库进行空间分析，在此基础上对北京大型公园的现状空间格局、演变格局进行量化处理分析，在分析北京大型公园空间格局特点的基础上总结出北京大型公园空间格局的特征，并在此基础上分析北京大型公园空间格局的演变机制。最后，对比国外特大城市的典型大型公园，对北京大型公园空间格局发展中存在的主要问题进行总结分析，并针对出现的问题提出改善意见，希望能够对未来北京大型公园的规划布局提供参考及指导意见。本书适用于城市设计、建筑设计、园林景观设计、环境设计等相关专业从业者及在校师生阅读使用。

责任编辑：张　华　唐　旭
责任校对：王　烨

绿色渗透性城市
北京大型公园空间格局及演变机制
杨　鑫　吴思琦　著

＊

中国建筑工业出版社出版、发行（北京海淀三里河路9号）

各地新华书店、建筑书店经销

北京锋尚制版有限公司制版

临西县阅读时光印刷有限公司印刷

＊

开本：787×1092毫米　1/16　印张：8　字数：180千字

2020年9月第一版　2020年9月第一次印刷

定价：98.00元

ISBN 978 - 7 - 112 - 24891 - 9

　　　　　（35620）

前　言

　　大型公园是城市绿地系统中的重要组成部分，在改善城市环境、促进城市经济发展以及满足人们日常的休闲活动等方面都有着重要意义。在生态方面，大型公园可以作为独立的生态系统，同时也可以与周边绿地系统相联系，成为城市有机体的重要组成部分，对改善城市生态环境有着重要意义；在社会方面，大型公园可以作为城市名片，带动周边发展，提高城市的综合影响力，起到宣传城市文化、满足周边居民日常使用需求的作用；在经济方面，大型公园对于城市空间布局、土地规划利用有重大影响，可直接带动周边土地的综合价值。对于大型公园空间格局的研究，探讨如何通过大型公园的开发建设、规划布局、更新改善，带动城市的发展，发挥其最大效力，满足人们亲近自然的需求，同时最大限度地发挥其生态作用和社会效益。

　　本书在对北京市域范围内，大于20公顷的大型公园进行量化统计分析及现场调研的基础上，建立了北京大型公园矢量数据库。利用ArcGIS平台对北京大型公园的现状空间格局、演变格局进行量化处理分析，总结出北京大型公园空间格局特征，并在此基础上分析北京大型公园空间格局的演变机制。最后，对比国外特大城市的典型大型公园，对北京大型公园空间格局发展中存在的主要问题进行总结分析，针对性地提出改善意见，以期对未来北京大型公园的发展建设提供有力参考。

　　本书研究成果由RLncut研究团队完成，未来将持续进行城市绿地空间环境的相关研究，欢迎关注"RLncut研究站"微信公众号交流讨论。参与本书编写的人员有张琦、卢薪升、姚彤。本书资助项目：2018年北京市属高校高水平教师队伍建设支持计划青年拔尖项目（PXM2018_014212_000043）；北京市自然科学基金面上项目（8202017）。

目 录

第1章
研究视角

1.1 研究背景

1.1.1 公园绿地是城市建设的重要内容

公园是城市绿地系统中的重要组成部分，在整个城市绿地体系里发挥了多种作用，具有多重价值。公园的作用主要有以下几种：生态环境作用、城市美学作用、疗养保健作用、社会经济作用以及休闲娱乐作用等。

公园最为直接的作用就是用来满足城市居民休闲娱乐的需要，这使得公园在精神文明建设中也起到了越来越大的作用。更为重要的是，大型公园在一定程度上能够缓解由于北京城市化进程过快而在城市空间层面上产生的问题。在改善城市用地、柔化城市空间、增加城市土地价值等方面都发挥着极其重要的作用。同时，公园还是城市山水景观框架中的重要组成部分。

正是由于公园的多种价值和功能，使得公园成为评判城市发展水平和文明发达程度的重要标准。因此，对于公园空间格局的研究具有十分重要的意义。

1.1.2 北京"绿色城市"的建设是公园发展的现实需求

在"十三五"规划中强调了要加强对"绿色城市"的建设。其中，仇保兴理事长提到了，绿色城市建设工程的开展直接决定了我国是否能够建设成为新时期的绿色生态城市，同时建设绿色城市对于国家绿色发展以及气候改善有着重要意义。为了达到这一目标，"十三五"期间，北京计划利用平原区域的森林资源通过增加基础设施等措施来建设郊野森林公园30余处，提升整个平原地区的森林服务功能和人居环境水平。同时"十三五"期间加强了对湿地系统的保护，建设湿地公园，满足市民的多种需求，在房山、大兴、通州等行政区新建湿地3000hm²，围绕着北京、天津过渡带区域大力恢复重建湿地。有望于2020年使北京市湿地量达到5.44万hm²。

基于"十三五"指导思想，北京市政府根据北京城市现状，颁布了《北京城市总体规划（2016~2035年）》（以下简称《规划》），该规划在北京原有绿色空间结构的基础上，加以完善，力求能够形成"一屏（一道绿色屏障），三环（城市公园环、郊野森林公园环、环首都国家公园环），五河（由五条贯穿北京的主要河流构成的河湖水系），九楔（九条联系中心城区与新城之间的楔形绿色空间）"的北京绿地生态布局，最终实现"青山为屏、森林环城、九楔放射、四带贯通、绿景满城"的北京园林绿化生态格局。《规划》还强调了对北京公园环的打造，"公园环"内的公园多为面积超过20hm²的大型公园，由此可见《规划》的颁布势必会直接对北京大型公园的建设起到促进作用。"十三五"期间提出的这些政策都是北京公园发展的政策基础。

同时，北京作为国家首都和世界历史文化名城，具有许多城市所不具备的自然条件和历史文化资源。但是面对建设"绿色城市"的新任务，北京公园在规划、建设等方面，都还存在着诸多挑战。所以，针对北京公园空间格局的研究对北京实现绿色城市具有理论与实践价值。

1.1.3 大型公园对于城市发展具有重要意义

当今社会现代化发展迅速，大型公园发挥着越来越重要的作用，对于城市发展具有重大意义。正如詹姆斯·科纳在写给《大型公园》序言中提到的那样，大型公园通常被认为是大量景观的集合体，在城市和生活中都发挥着必不可少的作用。大型公园能够为人们提供多种多样的户外活动空间，可以被认为是城市中的天然户外剧场以及可供各种活动的大舞台。詹姆斯·科纳认为大型公园是人类无价的宝藏，他甚至认为如果一座城市缺少了足以充当城市名片的大型公园，那么这个城市将永远略逊一筹[1]。相对于中小型公园而言，大型公园兼具了大众的娱乐需求和生态改善作用。大型公园广阔的面积能够为各种生物提供栖息地，保护物种多样性，建立起一个稳定的生态系统，大型公园无异于是城市的"绿肺"，能够起到清洁和修复城市的作用。正因为大型公园对于城市生态环境具有极其重要的改善作用，以至于设计师在对大型公园进行设计时更加重视对大型公园生态性的开发，针对大型公园的可持续发展提出了适应性生态设计，力求在设计大型公园的过程中兼具生态性和多功能性[2]。同时，经济转型也使得城市对于大型公园的需求量日益剧增。由于经济转型，大量土地被闲置，这些土地为大型公园的建设提供了优厚的发展条件，结合《北京城市总体规划（2016~2035）》可以看出政府将加大对大型公园的建设。

1.2 国内外研究综述

1.2.1 关于公园空间分布及格局研究

1. 国外研究进展

公园是城市规划系统、城市绿地系统以及城市空间形态中的重要组成部分，对于公园空间分布及格局的研究，在国外已经得到广泛的关注。伴随着景观生态学中有关于空间格局分析技术的发展，公园空间分布及格局的研究也从最开始只注重公园与城市空间之间的关系，发展到现如今对于公园以及包括公园在内的绿地系统的空间格局分析。目前，国外对于公园空间分布及格局的研究主要包括以下几个方面的内容：

（1）对于城市公园外部空间结构的研究，典型代表是汤姆·特纳（Tom Turner）。通过研究伦敦开放空间，汤姆·特纳归纳总结了六种城市公园空间格局模式：①单一的中央公园；②分散的居住社区公园广场；③不同等级规模的公园；④建成区的典型公园绿地；⑤相互连接的公园系统；⑥可供城市步行空间公园绿化网络，这六种分布模式大体包括了现代公园中不同的空间布局，是对公园空间分布模式最早的归纳总结[16]。

（2）对于公园内部空间的分区研究。这个方面研究的主要代表是曼纽尔·鲍德·博拉和费雷德·劳森[17]。这两位学者主要针对美国国家公园内部空间的分区进行总结分析。曼纽尔·鲍德·博拉和费雷德·劳森通过总结，认为一般的美国国家公园大致可分为以下几个区域：外围区域、缓冲区域、特殊自然保护区域和自然避难所等。他们开辟了对公园内部空间划分的研究，认为公园内部空间区划及功能分区主要依照游憩设施和活动设施来分布，这是关于公园景观规划设计的范畴。

（3）景观生态学中对公园景观格局进行研究，主要是对公园空间分布及格局进行量化研究。比较有代表性的是基于GIS和Fragstates等软件平台，利用梯度分析和景观指数进行分析。Uy等学者分析了1996~2002年越南河内的绿色空间变化和驱动力[18]；Kong等学者基于用ArcGIS和遥感平台，量化研究了二十年内的济南景观格局变化[19]。综合而言，这种研究仍将公园看作斑块，将公园视为城市绿地的一部分进行研究，缺乏对公园系统性以及对不同类型的公园分类、细化、对比的具体研究。目前，国内外公认的对于绿地系统空间格局的定量研究，一般都是利用景观生态学的原理进行量化处理。通过分区区划、移动窗口和梯度分析相结合的方法来获取和表征不同分区内的空间分布差异和规律。空间格局中常用的景观生态学指标一般包括以下几个：斑块密度[20]、平均斑块面积[21]、斑块形状指数以及景观破碎度[22]。

2. 国内研究进展

我国学者在对公园的空间结构、布局以及形态等方面也有了广泛的研究。目前，我国学者的研究方向主要集中在以下几个方面：

（1）对城市公园的等级和分布格局的分析。例如，祝昊冉、冯建[23]等人，主要是通过选取公园的规模、形态、可达性、服务设施以及门票等指标，对北京公园的等级、空间格局进行研究。

（2）对不同类型城市公园空间格局的研究。例如，张立明在实际调研和统计分析的基础上对中国海洋主题公园的空间发展进行研究，并对形成这种发展趋势的驱动力进行分析[24]；徐征完成了对于体育公园的介绍和研究，主要着重于通过研究城市体育公园在空间上的分布特征，从而推动城市体育公园更为优化合理的分布，使得城市体育资源能够得到充分利用[25]；黄鹤在其硕士毕业论文中对于哈尔滨森林公园的空间布局进行系统性的研究，基于实地调研的基础上，结合城市规划理论，从宏观层面对哈尔滨森林公园的空间布局提出优化改善意见[26]；彭历博士在其博士毕业论文中对北京市域范围内的城市遗址公园的意义进行了详细论述，推动了城市遗址公园成为一种独立的分类系统，弥补了关于遗址公园方面研究的不足[27]。

（3）利用景观生态学指标对公园进行量化处理，定量分析公园的空间格局。例如，付晓基于景观生态学原理对北京中心城区和近郊区内公园绿地斑块进行分级研究，针对北京公园系统现状分布格局中需要改善的部分进行总结分析，并提出相应的解决措施；谢军飞利用Patch Analyst软件对北京中心城区及近郊区的景观格局指数进行计算，最后通过这些指数对北京城八区内的公园空间格局进行评价分析[28]。

（4）除了以上三部分的研究，国内针对公园的研究主要还集中于将公园视为城市绿地系统的一部分进行研究。例如，李伟、孙海青等人对北京城市绿地系统格局动态变化的研究；车生泉、尹海伟等人使用遥感地图对上海绿色空间格局进行的研究；乌日汗等人对深圳的绿地系统格局现状进行的研究。

1.2.2　关于大型公园的研究

通过以上对公园规划理论及公园空间分布格局的文献查阅与总结可以发现，现阶段无论是国内还是国外对于公园的研究大多都是按照公园功能分类标准进行分类对比研究，而按照规模进行分类的研究较少，多为利用景观生态学原理中按照斑块大小对公园进行研究。专门对于大型公园的专项研究较少，总结如下：

1. 大型公园定义

对于大型公园的定义首先集中于大型公园的规模划定。伦敦根据规模、功能、服务半径、位置等将伦敦的城市公园分为六级，形成完善的绿地分级系统，在此基础上构建起现阶段伦敦绿色空间构架。其中，分级系统中将大于20公顷的公园视为区级公园。

现阶段，我国对大型公园研究的限定暂无明确的标准，仅在《公园绿地管理及设施维护手册》中规定：邻里型小型公园（$<2hm^2$）、地区型小型公园（$2\sim20hm^2$）、河滨带状型公园（$5\sim30hm^2$）、都会型大型公园（$20\sim100hm^2$）[30]。

通过阅读相关的文献，国内的学者对于大型公园的研究定义有：韩炳越博士在《中国园林》发表的"大型公园绿地引领城市发展"[31]一文提到：我国大多数城市中具有代表性的大型公园绿地面积一般都大于$30hm^2$，这是由于面积较小的公园对于城市的影响较为有限，公园面积越大其发挥的作用也就越大。在景观生态学原理研究的基础上，利用景观斑块规模对公园进行分类研究，论文"郑州市公园绿地景观多样性研究"中对郑州市公园绿地的景观格局进行分析，通过景观生态学原理，将公园按照生态斑块进行分类，主要分成5种：小型公园（小于$1hm^2$）、中小型公园（$1\sim5hm^2$）、中型公园（$5\sim10hm^2$）、大中型公园（$10\sim20hm^2$）以及大型公园（大于$20hm^2$）[32]；论文"常州市公园绿地布局研究"中提到按照公园规模将公园分为五种，具体分类方式与上述相同[33]。其他学者利用景观生态学原理对绿色空间进行量化分析时，都会选用$20hm^2$作为一个临界值，将大于$20hm^2$的景观斑块视为大型斑块，这就说明在生态价值上，大于$20hm^2$的绿地能够起到的作用大于面积低于$20hm^2$的公园。

2. 大型公园的重要意义

众所周知公园是城市绿地系统中不可或缺的一部分，大型公园的作用是不言而喻的。大型公园依靠自身巨大的面积所发挥的作用更是无可替代的。纽约公园管理委员会主席认为："As Central Park goes，so goes New York City。"[34]将中央公园比作纽约城市成败的关键因素。詹姆斯·科纳在《大型公园》的绪论中也提到大型公园能够为人们提供多种多样的户外活动空间[29]。

与国外学者相同，国内学者也认为大型公园发挥的作用是无可替代的。"大型公园绿地引领城市发展"一文提到大型公园对于城市发展有着重要的意义，具体可以表现在生态方面、经济方面、社会文明方面、政治文化方面的建设上。正因为如此，现如今大型公园在城市发展过程中发挥着越来越重要的作用，甚至可以引领城市的发展[31]。

郑功韧等人发表的"大型公共绿地对当代城市空间形态的影响"[35]一文中也指出面积较大的公共绿地通常被看作"城市之肺"，对于修复城市的生态环境有着至关重要的作用。大型公共绿地不仅可以调节城市中的微气候；同时也可以保护城市中的物种多样性，改善人们的居住环境，具有极其重要的生态功能。

除了生态功能外，大型公共绿地也可以带动城市旅游业的兴起，促进城市经济的发展。同时位于人流量巨大的城市中心的大型公园，能够为来往的人们提供休憩交流的场所。例如，纽约中央公园能够起到缓解人们生活工作压力的作用，同时能够加强人与人的交流，这也是大型公园社会功能的一种体现。大型公园还有一种特殊作用，就是作为临时避难场所，因此大型公园也具有重要的防护功能。

第2章

数据的现状

——北京大型公园发展现状分析

2.1 北京公园绿地发展历程

公园是城市化进行过程中的产物，至今为止，公园已经有超过200年的历史，对北京公园绿地发展过程进行研究，能够了解北京公园发展的规律，对研究公园的现状空间格局及空间格局演变的形成机制有重要意义。

世界上首个为大众建造的公园是于1810年由John Nash建设的Reginas Park。相比于国外的公园发展，近代中国的公园建设还是比较落后的。直到1907年清政府才建造了首座公园——万牲园，也就是今天的北京动物园。1911年，溥仪皇帝退位，部分皇家园林对大众开放，这部分园林也就成为北京市第一批公园。但该时期由于受到多方面的阻碍，公园建设并未得到有效发展。北京的公园建设发展主要是从中华人民共和国成立后开始的。1949年后，北京开始着手研究城市规划的方案，北京的公园建设也被提上日程。从1949年至今，公园的建设主要经历了以下三个时期：开拓发展时期、快速发展时期、奥运提升时期[41]。

2.1.1 开拓发展时期（1949~1978年）

1950年起，北京政府先后接管了一大批自然风景区及名胜古迹，经过整顿修复，先后开放了7个风景名胜区，将其改建为公园。这批公园都是属于研究范围内的面积大于20hm²的大型公园，也是出现最早的一批大型公园。1953年，我国开始第一个五年计划，由于经济得到发展，北京也正式开始公园建设工作。1953年开始，北京市政府先后建设40多个公园，新增的公园绿地面积高达1000hm²。1958年，我国提出"大地园林化"的指导思想，在中央政府的大力支持下，该时期的公园建设得到了较大的投资，园林建设得到了长足的发展。在"大地园林化"的指导思想下，1959年政府又倡导了"迎接建国十周年，改变园林风貌"的行为，该时期的园林建设虽然得到了政府的支持与投资，但是由于这个时期园林建设的重点并不是建设公园，而是绿化结合生产，优先发展苗圃等生产性绿化。1966年，北京公园建设进入停缓时期，这个时期的公园面积不仅没有得到增加，反而在有些区域出现减少的情况。直到1971年，中美建交，为了迎接国外元首的访华活动，公园建设工作才重新得到重视。

整体而言，这个时期的公园建设主要以整顿、开放已有园林为主，并未有大规模的公园建设。这一时期的公园建设也主要以生产性公园建设为主，同时该阶段的公园建设情况说明了政治运动和重大事件的爆发对公园的建设具有很大的影响。这一时期开放及建设的公园多为大型公园，且类型多以历史名园为主。这一时期的公园建设与整顿开发奠定了北京大型公园发展的初步基础。

2.1.2　快速发展时期（1979~1999年）

1977年世界沙漠会议召开，北京被列为沙漠边缘城市，这引起了政府的关注，加大了对公园生态作用的重视，从而颁布了一些政策来改善北京的城市环境，这些政策的颁布也对北京公园的发展起到了良好的促进作用。1980年，在基本国策的支持下，中央针对北京的建设提出了四项方针，其中第二项明确指出要改善北京的城市环境。在这一方针的指导下，北京新建了一系列大型公园。1983年、1985年两次园林会议的开展，使得北京的公园建设发展达到一个高潮。同时这个时期的公园建设资金从只依靠政府，转为政府和非政府组织的双重支持，开启了民间筹集资金建设公园的新时代。1991年《北京市国民经济社会发展十年规划和第八个五年计划纲要》（以下简称《纲要》）予以批准。《纲要》规定了北京绿地系统十年的发展规划与主要任务。该时期由于经济的发展，公园的建设得到更多资金投入，资金主要来源于政府机构及非政府的组织。同时由于大力发展经济，也给北京城市带来了一系列的环境问题，人们逐步开始重视公园的生态功能。在政府的倡导下，北京加大了公园建设的力度，集中发掘公园的生态功能。该时期的公园建设也由发展生产性公园转为发展生态性公园。

该时期中小型公园的建设力度远远大于大型公园的建设力度，大型公园整体上有所增长，但从总体上来看还是以具有历史价值的已有公园为主，其次是如朝阳公园、龙潭湖公园能够满足人们日常使用需要的公园。该时期新建的大型公园增长幅度不大，建设力度主要集中于区域公园，大型公园的功能多集中于开发公园的休闲游憩功能，对于大型公园的生态功能和对城市的推进功能发掘得还不够。

2.1.3　奥运提升时期（2000年至今）

申奥成功以后北京政府提出了"绿色奥运、科技奥运、人文奥运"的口号，为了配合北京奥运会的举办，北京的公园建设也进入一个新时期。2003年《北京市公园条例》颁布，明确了公园的概念，该条例是北京市公园管理的第一步法规，它的颁布意味着北京的公园建设走上科学化管理的道路。2006年3月，北京市公园管理中心成立，中心的成立标志着北京市的公园建设进入新阶段。改革开放之初，北京共有42处公园，截止到2008年底，北京市公园绿地的数量已超过1000家，其中经过园林绿化局注册的公园数量高达180处。奥运会的举办加大了北京公园建设的力度，这个力度不仅反映在公园数量及面积的增加上，也反映在公园建设的理论以及北京区域特征的强调等各个方面，这些都展示了北京公园建设的发展与创新。

申奥成功及奥运会的举办，促使了北京部分公园免票开放，这使得公园真正得以服务大众，同时公园的管理水平、服务水平都有了大幅度的提高。该时期的公园建设有了突飞猛进的增长，并且公园管理已经走向科学化管理的道路，公园数量和公园面积都有了显著的增加，这说明一些重大历史事件的开展也会促进公园的建设。同时，该时期的公园建设由生态性为主转化为游乐性、生态性、生产性等各类公园的共同发展。

这一时期，北京的公园建设情况在政府支持下得到了突飞猛进的发展。北京大型公园在这个时期不论在面积上还是数量上较之前都有数倍增加。由于奥林匹克公园的建设，大型公园的其他功能也得到了公众的认可。奥林匹克森林公园对于调节该区域范围内的小气候有着明显的作用，引发政府对于大型公园的城市生态作用的重视。奥林匹克公园修建完成后，一大批郊野公园及森林公园也随之得到建设。同时，奥林匹克公园作为北京的城市名片向前来参加奥运会的国家宣扬了北京的城市文化，也加深了公众对于大型公园的多功能性认识。

2.2 北京大型公园数据库的建立

2.2.1 研究范围

本书的研究范围为整个北京市域范围内的所有大型公园绿地。按照行政分区划分，北京可以划分成为中心城区（东城区、西城区），近郊区（海淀区、朝阳区、石景山区、丰台区）和远郊区（门头沟区、房山区、大兴区、通州区、顺义区、昌平区、延庆区、怀柔区、密云区、平谷区）。按照北京城市路网结构划分，北京可以划分成为二环、三环、四环、五环和六环。按照行政分区和城市路网结构，进而研究北京大型公园在各个区域内的分布特点。

本书的研究对象为大型公园，基于北京公园现状、公园法规规范和前人研究的总结，将大型公园的规模定为北京园林局记录的面积大于$20hm^2$以上的公园。故将研究范围定为整个北京市域范围内的由北京园林局记录在册的大于$20hm^2$公园（包括城市公园及郊野森林公园等）。

2.2.2 数据来源

在对北京大型公园空间分布、北京大型公园空间演变过程以及北京大型公园与周边基础设施和人口经济关联性的分析上需要大量的数据支撑。前期数据收集及整理工作是研究的一大难点，也是必备工作。所涉及的数据有以下几类：

①各时期北京大型公园的明细数据；②各时期北京大型公园的矢量数据；③北京各时期的人口经济数据；④现阶段北京各项基础设施数据；⑤现阶段北京城市路网矢量数据；⑥其他特大城市（伦敦、巴黎、纽约）基础矢量数据。

涉及数据来源主要有以下几种方式：

（1）查阅相关文献及网站，这种方式主要是用于明确各个时期北京大型公园的明细数据以及收集各个时期的北京人口经济数据。

北京大型公园明细数据主要来源于北京园林局统计数据，包括首都园林绿化政务网（http://www.bjyl.gov.cn.）公布的现阶段北京园林绿地，北京园林局出版的《北京市城市园林绿化普查资料汇编》[39]与《北京市园林绿化年鉴》[40]以及北京市公园管理中心和公园绿地协会联合主编的《北京公园分类及标准研究》[41]中公布的各时期北京公园明细数据。通过查阅相关文献及网站，筛选出面积大于20hm²的公园，从而确定各个时期北京大型公园的列表（图2-1）。

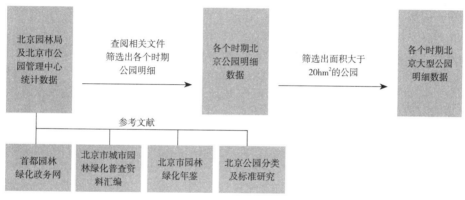

图2-1 北京大型公园明细整理流程
（图片来源：自绘）

各个时期的北京人口经济数据主要来源于北京市第五次（2000年）人口普查数据、北京市第六次（2010年）人口普查数据以及《北京统计年鉴》[42]（2000~2010年）相关的社会经济发展数据。

（2）利用ArcGIS软件对数据进行矢量化处理。收集各个时期的北京市电子地图（坐标系为GCS-WGS-1954），利用ArcGIS软件对各个时期的大型公园进行矢量化处理。最终得到1995年、2000年、2005年、2010年和现阶段北京大型公园矢量数据（图2-2）。

图2-2 北京大型公园矢量化流程
（图片来源：自绘）

图2-3 GPS测量大型公园边界调研照片
（图片来源：自摄）

（3）利用GPS仪器对大型公园进行补充与修正，对于部分在电子地图上未能标识明确位置或明确边界的大型公园，利用手持GPS工具，沿着大型公园边界调研，在转弯折点处记录下航点，根据导出的航点绘制出大型公园的基本形态（图2-3）。

本书所使用的GPS型号为彩途NAVA K30S手持机。通过对大型公园的边界矢量化处理后，对地图上没有明确边界的大型公园进行GPS测量调研，主要包括以下几个公园：京城森林公园、京城体育休闲公园、和义郊野公园、镇海寺郊野公园、念坛公园等。

（4）北京城市边界、路网及用地类型矢量数据均来源于国家基础地理信息中心2015年的1：250000公开版DLG数据。

（5）通过API系统获取北京基础设施POI数据，以及其他特大城市矢量数据。通过API系统连接OSM系统、百度地图、高德地图，抓取POI数据，由于POI数据是按照地图网站的分类方式进行分类，分类方式比较混乱且重合的数据较多，故需要对抓取得到的数据进行筛选和重新分类，得到需要的数据[43]（图2-4）。

伦敦、纽约两座城市的绿地格局主要数据源是OSM系统，即Open Street Map，是一个网上地图协作计划，由用户根据手持GPS设备、航空摄影照片，以及其他对于熟悉目标区域，并且具有空间知识的使用者进行绘制，网站里的地图图像及矢量数据都已经得到授权，数据开放性好，翔实度高。通过OSM网站下载OSM格式的数据，然后通过FME转换软件将其转换成为SHP格式，再通过ArcGIS平台对其进行筛选，保留需要的数据，为下文的分析提供基础数据。北京地区基础设施数据主要来源于百度地图、谷歌地图、大众点评等网站。

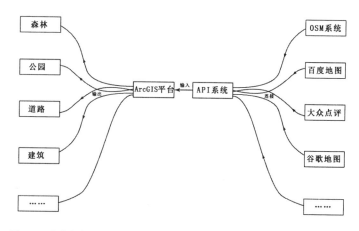

图2-4 大数据提炼与分析系统图示
（图片来源：《Quantitative analysis and comparative study of four cities green pattern in API system on the background of big data》[43]）

上述方法获得的基础数据信息量大，重复度高，分类方式不同，故需要对初步获取的数据进行精炼加工，才能取得绿地格局分析所需要的各类数据。基础数据包含的信息点有旅游、商店、休闲娱乐、土地利用、高速路、边界、公共交通及转乘站点等相关内容，内容庞杂。此过程主要依托于ArcGIS软件平台进行操作，需要删除无关信息，并将所需数据进行合并与提炼，是保证研究数据精确性的重要步骤。最终整理获得市政边界，一级道路、铁路等路网信息，公园、森林、水系、建成区等用地信息（图2-5）。

2.2.3 数据处理

通过以上五种方式得到的数据均为矢量数据，可以导入ArcGIS作为分析处理的基础数据。根据本书的研究内容，通过ArcGIS软件建立矢量地理信息数据库。建立地理信息数据库是研究的基础，并且数据库的建立也可以为其他相关研究提供基础数据。数据库主要包括以下几类：

（1）1995年、2000年、2005年、2010年和2017年北京大型公园地理数据库。数据库内主要包括各个时期北京大型公园的名称，数量，面积，周长，公园平均中心，空间形态类型，公园类型，所处位置（按照区位分、按照城市路网分、按照45°扇形分区）以及与路网的关系共9类数据。

北京2017年共有148个大型公园，每个大型公园都包含以上9种信息，故2017年的大型公园共包含1332条信息。同理，1995年共34个大型公园，2000年共43个大型公园，2005年共54个大型公园，2010年共104个大型公园。所以，整个大型公园地理数据库中包含了五个时期的公园数据，每个时期的公园数据都有九种信息，所以整个北京大型公园地理数据库中共包含了3500多条信息，涵盖了各个时期大型公园的名称、数量、面积、周长、公园平均中心、空间形态类型、公园

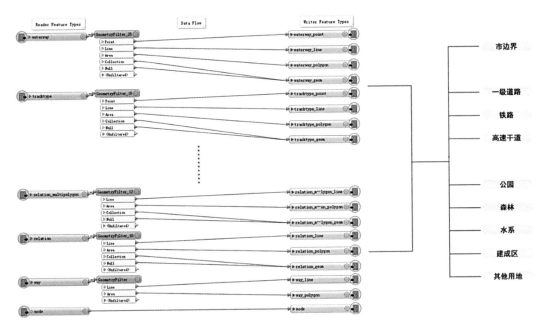

图2-5 基础数据加工过程示意图

（图片来源：《Quantitative analysis and comparative study of four cities green pattern in API system on the background of big data》[43]）

类型、所处位置以及与路网的关系的各种信息。在此基础上对大型公园的现状及演变进行量化统计分析，研究大型公园在不同位置上的分布特征、不同类型的公园的分布特征以及不同形态的公园分布特征。

（2）北京基础设施地理数据库。该数据库主要包含了北京行政边界数据、北京基础用地类型矢量数据、北京路网矢量数据、道路交叉点数据、北京基础设施矢量数据和北京市人口密度数据。

北京行政边界数据主要包含各个行政区边界数据共17条数据，每条数据包含了行政区的面积、周长和位置3种信息，共51条信息。北京基础用地类型矢量数据主要包括水系和建成用地两类。其中水系共430条数据，每条数据包含了水系的名称、面积、周长和位置4种信息，共计1720条信息。其中建成用地共62条数据，每条数据包含了建成用地的面积、周长和位置3种信息，共计186条信息。

北京路网矢量数据主要包括道路数据及道路交叉点数据两类。其中道路数据共21011条数据，每条数据包含了道路的长度、名称、类型（几级道路）和位置4种信息，共计84044条信息。其中，道路交叉共15780条数据，每条数据包含了道路交叉点的位置信息，共计15780条信息。

北京基础设施矢量数据主要包括公交车站、地铁站两类。其中公交车站共12844条数据，每条数据包含了公交车站的名称和位置2种信息，共计25688条信息。其中地铁站共287条数据，每条数据包含了地铁站的名称和位置2种信息，共计574条信息。

北京市人口密度数据记录了各个区块的人口密度，共计331条数据，每条数据包含了具体的人口密度数值信息，共计331条信息。

北京基础设施地理数据库共包含了5大类8小类，共计50762条数据，以及128374条信息。在此基础上就可以对基础设施与大型公园的关联性进行研究。

（3）特大城市绿地格局地理数据库。该数据主要包括了伦敦以及纽约的绿地格局基础矢量数据，主要包括公园矢量数据、路网矢量数据、森林矢量数据与水系矢量数据。伦敦绿地格局基础矢量数据中，公园矢量数据共1137条，路网矢量数据共16858条，森林矢量数据4174条，水系矢量数据1412条。纽约绿地格局基础矢量数据中，公园矢量数据共733条，路网矢量数据共5660条，森林矢量数据277条，水系矢量数据310条。

综上所述，特大城市绿地格局地理数据库共包含了两大类四小类，共计66890条数据。在此基础上可以对北京绿地格局与其他特大城市的绿地格局进行对比研究。

2.3　北京大型公园现状数据库统计

通过北京市园林局官网上公布的北京公园名录，筛选出其中超过20hm^{2}的公园，利用北京市现状电子地图，基于ArcGIS平台将大型公园的形态进行矢量化处理，并建立数据库，得到以下大型公园矢量数据（图2-6）。

通过筛选出的北京大型公园共148个，总面积约为60295.2hm^2。为了分析北京大型公园在不同方向、不同距离上的分布特征。根据北京行政分区，北京城市路网结构划分，以天安门广场作为城市中心的45°扇形划分，对不同分区内的大型公园进行统计，初步研究各个区域内的大型公园

图2-6　北京大型公园矢量分布图
（图片来源：自绘）

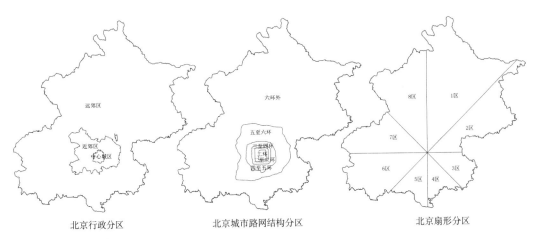

北京行政分区　　　　　　　北京城市路网结构分区　　　　　　北京扇形分区

图2-7　北京分区示意图
（图片来源：自绘）

的分布情况。各个划分方式的空间矢量图如图2-7所示。按照北京行政分区研究主要为了对比公园分布与人口经济因素的关系；按照北京路网结构研究主要为了研究不同距离的北京大型公园的分布特征；按照45°扇形分区研究主要是为了研究不同方向的北京大型公园的分布（因为存在一个公园跨越两个区的情况，故在统计时，会将跨区的公园一分为二进行统计，所以会出现各区公园数量相加数量超过总公园数量的情况）。

2.3.1　按照行政分区统计

按照中心城区、近郊区、远郊区的划分对北京大型公园进行统计，如表2-1所示，其中大型公园分布数量最多的是近郊区，面积最大的是远郊区。通过对比各个区域的总面积，以及区域内部的大型公园平均面积，同时结合大型公园在各个行政划分内的分布图（图2-8），可以总结如下分布规律：

（1）中心城区共两个区，虽然该区域大型公园的分布数量及面积较少，但是对比该区域的总面积可以发现，中心城区公园总面积与区域总面积的比值最大，也就意味着大型公园在中心城区的分布密度最大，绿化率最高。同时对比近郊区和远郊区的大型公园可发现，中心城区大型公园的平均面积较小，这主要也是中心城区区域总面积较小，没有足够的面积可容纳过大的公园的缘故。

（2）近郊区共四个区，该区域中大型公园的分布数量最多，超过总数量的一半，对比区域总面积可以发现，公园总面积与区域总面积的比值与中心城区相比数值较为接近，说明该区域的大型公园的分布密度也较高。结合该区域大型公园的分布数量以及大型公园的平均密度可以发现，该区域的大型公园分布较为集中。

（3）远郊区共十个区，该区域的面积约为其他两个区的10倍，区域面积较大，大型公园的平均面积也大，这就导致了虽然该区域的大型公园数量较少，但是大型公园的面积却占了总面积的85.9%。通过该区的大型公园统计数据及公园分布图，可发现远郊区大型公园分布较为散乱。

总结以上的分析数据，按照行政划分对各个区域大型公园的分布进行分析总结可以发现，大型公园大部分分布在近郊区，远郊区大型公园面积最大，中心城区及近郊区大型公园分布密度较高，分布较为集中。中心城区到远郊区大型公园分布密度越来越低且分布越来越散乱。

北京大型公园行政分区统计　　　　　　　　　　　表2-1

	公园数量	公园数量所占百分比（%）	公园总面积（hm²）	公园总面积所占百分比（%）	公园平均面积（hm²）	区域总面积（hm²）	公园总面积/区域总面积（%）
中心城区	11	6.9	624.8	1	56.8	9296.6	6.7
近郊区	86	54.1	8136.6	13.1	94.6	128632.8	6.3
远郊区	62	39	53429.5	85.9	861.8	1503856.6	3.6

（资料来源：自绘）

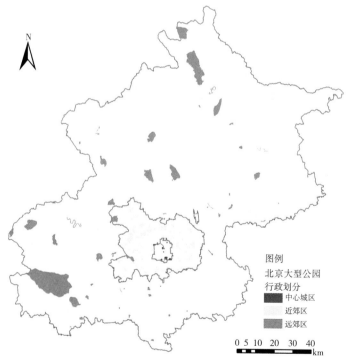

图2-8　基于行政分区北京大型公园分布区图
（图片来源：自绘）

2.3.2 按照城市路网结构分区统计

按照北京市路网结构对大型公园进行分区统计，可分为二环内、二环至三环、三环至四环、四环至五环、五环至六环、六环外。如表2-2所示，可以看出大型公园在六环外的分布数量及面积均为最多。通过对比各个区域的总面积、区域内部大型公园的平均面积，同时结合大型公园在各个路网结构分区内的分布图（图2-9），可以发现如下分布规律：

（1）公园的平均面积随着离城市中心渐远而逐渐增大。除了二环至三环内，公园数量、公园总面积都随着距离城市中心距离的增大而增大。且二环内的公园总面积与区域总面积的比值较大，二环内的公园数量及面积出现较为反常的情况。

（2）公园数量在二环至四环内数量大致相同，但从四环以外，公园的数量及面积都有了较大的增长，出现这种情况的原因，一是因为区域总面积的增大，但在四环至五环的区域内，区域的总面积相对于三环至四环内只增加了1倍，但公园的数量及公园的面积却增加了近4倍，和二环内的公园分布一样，该区域的大型公园分布也出现了"异常"情况。

（3）通过数据统计列表及分布图，可以发现五环内的公园分布较为集中且均匀，到了五环外，公园分布较为散乱。

总结以上的数据分析，基于城市路网结构对各个区域大型公园的分布进行分析可以发现，大型公园在二环内及四环至五环内的分布有明显集中的趋势，可以通过分析这种情况的成因来对大型公园空间格局的演变机制进行分析。同时五环内的公园分布较五环外而言有明显集中的趋向，更能满足人们的日常使用需求。五环外的公园虽然分布面积较高，但主要是由于公园的平均面积较大，这也导致了公园分布的不平均性，故有必要对五环外的公园是否能够满足人们的使用需求和生态需求进行分析。

北京大型公园路网结构分区统计　　　　　　　　　　　　　　表2-2

	公园数量	公园数量所占百分比（%）	公园总面积（hm²）	公园总面积所占百分比（%）	公园平均面积（hm²）	区域总面积（hm²）	公园总面积/区域总面积（%）
二环内	9	5.7	525.1	0.8	58.3	6290	8.3
二环至三环	8	5	480.9	0.8	60.1	9621	5
三环至四环	9	5.7	854.7	1.4	77.7	14323	5.9
四环至五环	39	25	3351.3	5.4	83.8	36591	9.2
五环至六环	42	26.9	4913.6	7.9	117	160097	3.1
六环外	49	31.4	52247.5	83.8	1066.3	1414863	3.7

（资料来源：自绘）

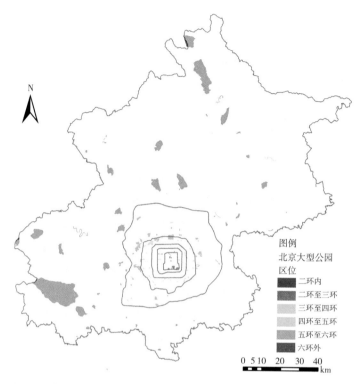

图2-9　基于路网结构的北京大型公园分布区图
（图片来源：自绘）

2.3.3　按照45°扇形分区统计

按照北京市45°扇形分区对大型公园进行分区统计，以天安门为北京城市中心，引入45°扇形区位划分，按照顺时针的方式将其分为八个区域：分别是1区、2区、3区、4区、5区、6区、7区、8区。如表2-3所示，可以看出大型公园在1区的分布数量最多，在6区分布面积最多。通过对比各个区域的总面积、区域内部大型公园的平均面积，同时结合大型公园在扇形分区内的分布图（图2-10），可以发现如下分布规律：

（1）通过45°扇形分区可发现，3区、4区、5区的公园数量、公园面积、公园总面积与区域总面积的比值，大型公园的平均中心与城中心的距离均较低。

（2）1区和6区大型公园的分布数量及分布面积均最多。

（3）通过分布图分析可发现，由于中心区域内大型公园分布较为集中，故按照45°扇形分区对于大型公园的分布进行统计分析，各分区的大型公园的数量及面积多少主要由外围的大型公园决定，对比大型公园平均中心与城中心的距离可发现，距离城中心越近，公园的数量及面积就越低。

　　总结以上的分析，基于45°扇形分区的划分对各个区域的大型公园分布进行分析可发现，大型公园在中心城区分布较为均匀，外围区域的大型公园主要集中于东北部和西南部，故这个区域内的大型公园分布较为集中。其次是西北部，该区域大型公园分布较为均匀。东南部大型公园分布最少，外围区域几乎没有大型公园，需要对产生这种分布的机制进行研究，并且研究其是否能够满足该区域的生态需求和人的使用需求。

北京大型公园45°扇形分区统计　　　　　　　　　　　表2-3

	公园数量	公园数量所占百分比（%）	公园总面积（hm²）	公园总面积所占百分比（%）	公园平均面积（hm²）	区域总面积（hm²）	公园总面积/区域总面积（%）	大型公园平均中心与城中心距离（km）
1区	31	17.9	16867.4	27	544.1	497635	33.9	32
2区	23	13.3	2719.5	4.4	118.2	227339	1.2	29
3区	14	8	624.3	1	44.6	82995	0.75	11
4区	12	6.9	639.7	1	53.3	67867	0.94	12
5区	17	9.8	940.5	1.5	55.3	83580	1.1	17
6区	27	15.6	25515.3	40.8	945	213784	11.9	26
7区	26	15	8110.5	13	311.9	179818	4.5	23
8区	23	13.3	7085.8	11.3	308	288463	2.5	29

（资料来源：自绘）

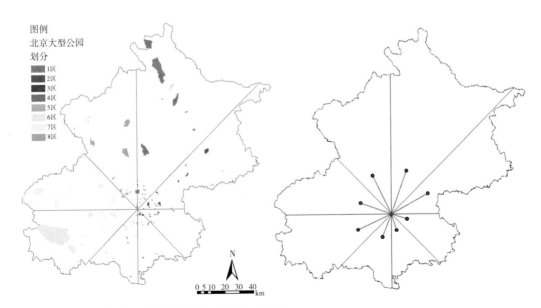

图2-10　基于45°扇形分区北京大型公园分布及平均中心图
（图片来源：自绘）

2.4　北京大型公园现状类型分析

　　2003年1月1日实施的《北京公园条例》中指出公园首要条件就是要具有良好的园林环境和较为完善的设施，公园还需要具备提供休闲娱乐空间、优化城市绿色生态环境以及提供防灾避难场所等功能，同时公园必须是面向大众开放的空间。在《北京公园条例》中对于公园的分类也提到，一般公园可分为综合公园、专类公园以及社区公园等[44]。公园有了明确的定义是区别于公共绿地的存在。不同的公园有不同的功能，包括生态功能、休憩功能、防灾功能、娱乐功能、科普宣教功能等。基于不同的功能，公园的分布规律及其规模也有所不同，具有生态功能的公园应当多位于城市的外围，具有娱乐休闲功能的公园应当邻近居民区，所以对不同类型公园的分布进行分类讨论具有十分重要的意义。

　　作为北京第一部公园法规，《北京公园条例》对公园提出了初步的分类：综合公园、专类公园、社区公园。这种分类方式较为简单，不足以涵盖公园的不同功能，故有必要对其进行细分。

　　自1984年以来，北京市对公园分类做出了多次调整：1997年提出的三级九类分类法；2003年提出的三级五类分类法；北京公园百年辉煌展中将北京公园分为五类：历史名园、古迹保护公园、现代城市公园、文化主题公园、社区公园；以及城市绿地分类标准中，将城市绿地分为了5大类、13中类、28小类。

　　国外对公园也有不一样的分类系统，比较受认可的主要是美国及日本的分类系统（图2-11）。

公园类型			设置要求
自然公园	日本国立公园		由环境厅长官规定的足以代表日本杰出的景观自然风景区（包括海中的风景区）
	日本国定公园		由环境厅长官规定的，次于日本国立公园的优美的自然风景区
	自然公园		由都、道、府、县长官制定的自然风景区
城市公园	居住区基干公园	儿童公园	面积0.25hm²，服务半径250m
		近邻公园	面积2hm²，服务半径500m
		地区公园	面积4hm²，服务半径1000m
	城市基干公园	综合公园	面积10hm²，要均衡分布
		运动公园	面积15hm²，要均衡分布
	广域公园		具有休息、观赏、散步、游戏、运动等综合功能，面积50hm²以上，服务半径跨越一个市镇、村区域，均衡设置
	特殊公园	风景公园	以欣赏风景为主要目的的城市公园
		植物园	配置温室、标本园、休养和风景设施
		动物园	动物馆及饲养场等占地面积在20hm²以下
		历史名园	有效利用、保护文化遗产，形成于历史时代相称的环境

日本公园分类法

名称	备注
儿童游戏场	
近邻运动公园/近邻休憩公园	
特殊运动场（运动场、田径场、高尔夫球场、海滨游泳场、露营地等）	
教育休憩公园	
广场	美国公园基本可归纳为场地型、教育型、休闲型、风景型、综合服务型及预留地等
近邻公园	
市区小公园	
风景眺望公园	
滨水公园	
综合公园	
保留地	
道路公园及花园路	

美国公园分类法

图2-11　日本及美国公园分类系统
（图片来源：《北京公园分类及标准研究》）

2.4.1 北京大型公园分类标准及分类统计

本书从北京公园的现状出发，选用《北京公园分类及标准研究》一书中提出的公园分类方法，将北京大型公园分为两种：狭义的公园和广义的公园。广义的公园主要指设施较为简单但是具备公园性质的开敞性绿地，主要包括自然保护区、森林公园、郊野公园、湿地公园、农业观光园等。本书按照其功能的不同将广义公园分为生态公园和农业观光园两类。狭义的公园主要包括以下五类（由于是大型公园分类，故不包括社区村镇公园与小游园，这两类公园的面积均低于20hm² ）[41]：

（1）历史名园：公园存在超过50年，在北京乃至全国范围得到广泛的认可，能够反映北京的历史文化。

（2）现代城市公园：规模一般在30hm²以上，能够反映北京时代特征、具有地标性价值的公园，并且具有重大社会综合影响力。

（3）文化主题公园：具有文化内涵的公园，一般多具备独特的主题性。

（4）区域公园：为附近区域内的使用者提供日常休闲及娱乐的公园。

（5）道路及滨河公园：一般为规模较大的依靠道路和河流建设的带状公园。

依照以上分类标准，对北京大型公园进行分类，建立数据库。统计数据如表2-4所示。北京的大型公园多为生态公园，即郊野公园、森林公园和自然风景区，这就说明了相对于中小型公园而言，大型公园在起到休闲娱乐功能的同时，更多的是起到生态的作用。由于不同类型的公园主要发挥的功能不同，其分布规律也有所不同，导致这种分布的影响机制也有所不同，故有必要通过量化对比各类公园在北京的分布。引入北京城市路网结构分区，研究各类公园在不同距离上的分布；引入45°扇形分区，研究各类公园在方位上的分布。通过对比不同类型的公园在不同方位及距离上的分布特征，总结北京大型公园不同类型的公园空间格局分布（图2-12），探讨其分布的影响机制（因为存在一个公园跨越两个区的情况，故在统计时，会将跨区的公园一分为二进行统计，所以会出现各区公园数量相加数量超过总公园数量的情况）。

北京大型公园分类统计 表2-4

	分类	数量	数量所占百分比（%）	总面积（hm²）	面积所占百分比（%）	平均值（hm²）	最大值（hm²）	最小值（hm²）
狭义公园	历史名园	19	12.8	2106.9	3.5	110.9	337.1	21.6
	现代城市公园	9	6.1	1723.9	2.9	191.5	703.9	22.8
	文化主题公园	6	4.1	270.1	0.4	45	84.1	27.1
	区域公园	24	16.2	1395.4	2.3	58.1	297.9	20.2
	道路及滨河公园	4	2.7	210.3	0.3	52.6	108.8	24.2
广义公园	生态公园	81	54.7	54309.7	90.1	670.5	20739	20
	农业观光园	5	3.4	278.9	0.5	55.8	127.5	24.5

（资料来源：自绘）

图2-12　北京大型公园分类分布图
（图片来源：自绘）

2.4.2　按照城市路网分区统计各类大型公园

引入北京城市路网结构分区，研究不同类型的大型公园在不同距离上的分布（图2-13），对各个区域的公园进行量化处理，新建地理数据库，得到不同距离上的各类公园的分布数量（表2-5）。通过对不同类型的公园进行分类统计后，可以得到以下分布特征：

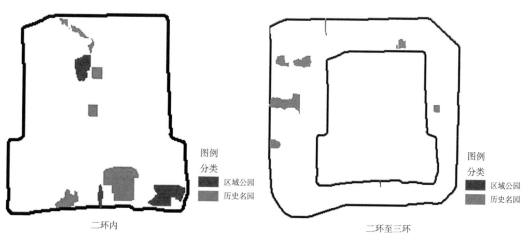

图2-13　基于路网结构的北京大型公园分类分布图
（图片来源：自绘）

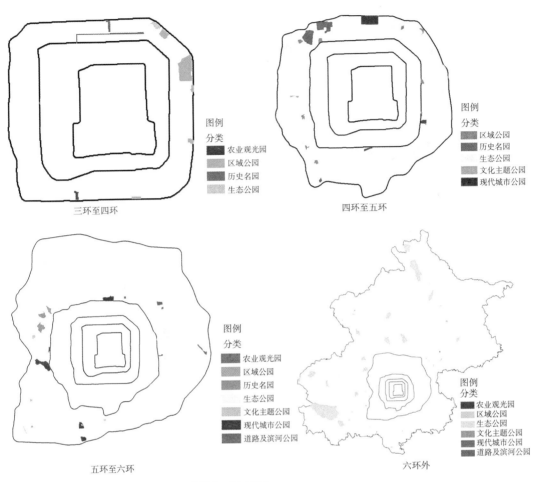

图2-13 基于路网结构的北京大型公园分类分布图（续）

基于北京城市路网结构的北京大型公园分类统计　　　　　　　表2-5

分类		公园数量	公园数量占总类型百分比（%）	公园数量占区域总公园数量百分比（%）
二环内（9个）	历史名园	6	31.6	66.7
	区域公园	3	12.5	33.3
二环至三环（8个）	历史名园	7	36.8	87.5
	区域公园	1	4.2	12.5
三环至四环（9个）	历史名园	2	10.5	22.2
	区域公园	5	20.8	55.6
	生态公园	1	1.2	11.1
	农业观光园	1	20	11.1

续表

分类		公园数量	公园数量占总类型百分比（%）	公园数量占区域总公园数量百分比（%）
四环至五环 （39个）	历史名园	3	15.8	7.7
	现代城市公园	3	33.3	7.7
	文化主题公园	1	16.7	2.6
	区域公园	9	37.5	23.1
	生态公园	23	28.4	59
五环至六环 （42个）	历史名园	4	21.1	9.5
	现代城市公园	6	66.7	14.3
	文化主题公园	3	33.3	7.1
	区域公园	3	12.5	7.1
	道路及滨河公园	1	25	2.4
	生态公园	22	27.2	52.4
	农业观光园	3	60	7.1
六环外 （49个）	现代城市公园	1	11.1	2
	文化主题公园	2	33.3	4.1
	区域公园	5	20.8	10.2
	道路及滨河公园	3	75	6.1
	生态公园	37	45.7	75.5
	农业观光园	1	20	2

（资料来源：自绘）

（1）由于北京的独特政治文化地位，作为三朝古都，有着众多的皇家园林，1949年后陆续对公众开放，成为现代意义上的公园，这部分的公园被划分为历史名园，主要分布在三环以内，距离城市中心较近，同时由前述分析可知三环内的大型公园总面积与区域总面积的比值较大，主要是由于三环内有着大量的历史名园。

（2）区域公园主要为周边区域的居民服务，满足其日常休闲及娱乐功能，通过量化处理后可以发现，这部分的公园分布范围最广，二环到六环均有分布。但是通过对比数据可发现，六环外区域性公园的数量虽然较多，但是在区域内总公园数量的比值却较低（同时六环外的公园总面积占区域总面积的数值也较少），这就说明六环外的区域公园平均分布较少，应该考虑增加该区域内的区域公园数量。

（3）本书提出的生态公园是指广义公园中的森林公园、郊野公园、湿地公园等，这部分的公园设施较为简单，主要起到生态防护的功能，并不是为了周边居民的使用而建设的。生态公园的数量占据北京大型公园总数量的一半以上，故对北京大型公园的空间格局及演变机制研究中有必要对生态公园进行深入研究。通过量化数据可发现，生态公园主要分布在四环以外，以六环外为主。同时由前述分析可知，四到五环间的公园相对于三环内的公园，有了较大的提高，对比表2-5可发现，四环到五环间增加的公园主要是生态公园，故对这部分公园的建设进行研究，可以对大型生态公园空间格局的演变机制有所了解。

（4）现代城市公园与文化主题公园的性质与区域公园类似，主要起到休闲娱乐以及宣传教育的功能，这两类公园可以与区域公园共同进行研究，部分区域的区域公园较少，但是现代城市公园和文化主题公园较多，也可以满足当地居民的日常使用。这两类公园主要分布在四环至六环间，这也是五环到六环间区域公园较少，但是却不会对当地居民的使用造成影响的主要原因。

2.4.3 按照45°扇形分区统计各类大型公园

引入45°扇形分区，研究不同类型的公园在不同方位上的分布特征（图2-14）。对各个区域的公园进行量化处理，新建地理数据库，得到不同方位上的各类公园的分布数量（表2-6）。通过对不同类型的公园进行分类统计后，可以得到以下分布特征：

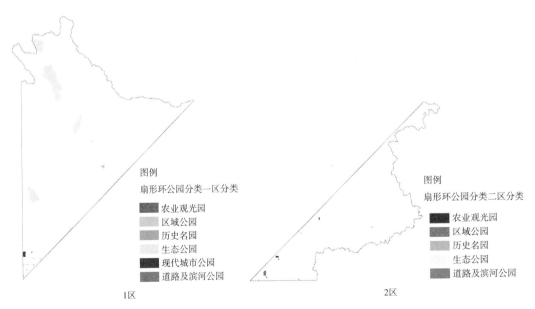

图2-14 基于45°扇形分区的北京大型公园分类分布图
（图片来源：自绘）

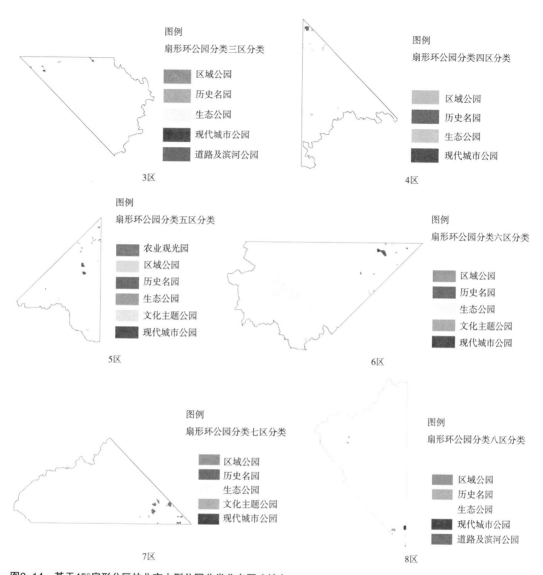

图2-14 基于45°扇形分区的北京大型公园分类分布图（续）

基于45°扇形分区的北京大型公园分类统计   表2-6

	分类	公园数量	公园数量占总类型百分比（%）	公园数量占区域总公园数量百分比（%）
1区（31个）	历史名园	6	31.6	19.4
	现代城市公园	1	11.1	3.2
	区域公园	5	20.8	16.1
	道路及滨河公园	1	25	3.2
	生态公园	17	21	54.8
	农业观光园	1	20	3.2

续表

	分类	公园数量	公园数量占总类型百分比（％）	公园数量占区域总公园数量百分比（％）
2区（23个）	历史名园	2	10.5	8.7
	区域公园	3	12.5	13
	道路及滨河公园	2	50	8.7
	生态公园	13	16	56.5
	农业观光园	3	60	13
3区（14个）	历史名园	1	5.2	7.1
	现代城市公园	2	22.2	14.3
	区域公园	3	12.5	21.4
	道路及滨河公园	1	25	7.1
	生态公园	7	8.6	50
4区（12个）	历史名园	2	10.5	16.7
	现代城市公园	1	11.1	8.3
	区域公园	3	12.5	25
	生态公园	6	7.4	50
5区（17个）	历史名园	3	15.8	17.6
	现代城市公园	3	33.3	17.6
	文化主题公园	2	33.3	11.8
	区域公园	2	8.3	11.8
	生态公园	6	7.4	35.3
	农业观光园	1	20	5.9
6区（27个）	历史名园	2	10.5	7.4
	现代城市公园	6	66.7	22.2
	文化主题公园	3	50	11.1
	区域公园	5	20.8	18.5
	生态公园	14	17.3	51.9
7区（26个）	历史名园	8	42.1	30.8
	现代城市公园	1	11.1	3.8
	文化主题公园	1	16.7	3.8
	区域公园	3	12.5	11.5
	生态公园	13	16	50

续表

分类	公园数量	公园数量占总类型百分比（%）	公园数量占区域总公园数量百分比（%）
历史名园	6	31.6	26.1
现代城市公园	1	11.1	4.3
区域公园	3	12.5	13
道路及滨河公园	2	50	8.7
生态公园	11	13.6	47.8

（最左侧合并单元格：8区（23个））

（资料来源：自绘）

（1）通过对比各区的数据，可以发现历史名园主要在1区、7区、8区分布最多，即在东北部、西部、西北部分布较多，结合分布图可发现，主要位于北京中心城区及西郊方位。这主要是由于明清时期，西郊区域风景优美，自然景观较好，皇家园林多建在该区域，导致现阶段的历史名园多位于该区域。

（2）区域公园，作为服务于周边居民，满足其日常使用需求的公园，应该平均分布在8个区域，通过对比各区域的区域公园数量可以发现，区域公园在各个方位上的分布较为统一，未有明显不均匀的现象。

（3）生态公园，主要起到生态防护的作用，但在3区、4区、5区中的分布较少，即东部、东南部分布较少，结合前述分析的研究可发现，这三个区域的大型公园总数量及总面积都较少，对比其他类型的公园数量，这三区的数量与平均值较为统一，故生态公园在东部及东南部的分布较少，未能满足该区域的生态需求。因此，要结合生态公园的建设条件，增加该区域的生态公园数量。同时对比该区域与其他区域，找出这三个区域生态公园较少的原因，对研究生态公园的演变机制有所帮助。

（4）现代城市公园主要指现代建造的、能够反映时代特征的公园，通过对比各区的公园分布，可以发现，现代城市公园主要分布在6区，即西部区域，这就说明，现代公园的建造在西部较为发达，故可以适量增加东部的建造。

（5）文化主题公园是代表能够体现北京文化多样性的公园，与区域公园不同，它具有更加鲜明的科普宣教意义。通过数据的对比可以发现，文化主题公园的建设集中在西部区域，东部区域较为缺失，故有必要加大该区域的文化主题公园建设，突出当地的文化特色。

2.4.4 各类大型公园平均中心与城市中心距离统计分析

为了更加直观地研究大型公园中不同类型的公园在不同距离及方位上的分布，利用ArcGIS平台，提取各类大型公园的平均中心，统计各类大型公园距离城市中心（以天安门广场为城市中心）的平均距离。通过表2-7数据可看出，历史名园距离城市中心的平均距离最近，道路及滨河公园距离城市中心的平均距离最远,其次为生态公园。通过分布图也可以看出,历史名园分布最为集中,其次为区域公园,生态公园在四环到五环间形成了明显的聚集趋势,同时历史名园、现代城市公园、区域公园、生态公园在各个方位上分布较为均匀,没有明显的缺失地块。但是文化主题公园、道路及滨河公园、农业观光园都形成了在某个方位聚集,其他方位缺失的情况(图2-15)。

各类大型公园平均中心距离城市中心距离   表2-7

	平均距离(km)	最小距离(km)	最大距离(km)
历史名园	8.7	0.2	19.6
现代城市公园	17	9.2	28.9
文化主题公园	29.4	12.7	62.9
区域公园	20.9	1.9	70
道路及滨河公园	50.7	25.2	72.7
生态公园	33.7	9.2	113.9
农业观光园	21	9	45.9

(资料来源:自绘)

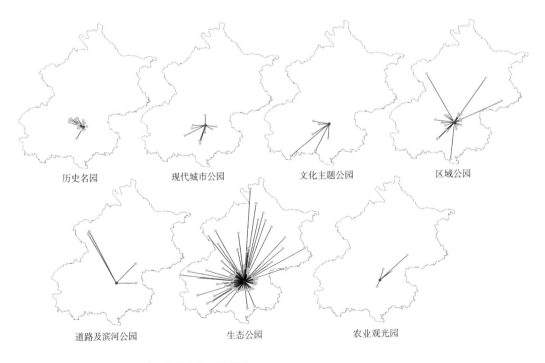

历史名园　　　　　现代城市公园　　　　文化主题公园　　　　区域公园

道路及滨河公园　　　　　生态公园　　　　　农业观光园

图2-15 各类大型公园平均中心与城市中心距离图
(图片来源:自绘)

　　综上所述，历史名园主要分布在三环以内，是距离城中心最近的大型公园，也是三环内大型公园的主要类型，方位上分布较为均匀，整体上来看西部分布较为集中；生态公园主要分布在四环以外，各个方位分布较为均匀，但整体而言东部的生态公园分布较少，生态公园在四环至五环间有明显的集中趋势，距离城市中心较远；区域公园的分布较为均匀，分布也较广，从距离城市中心2km~70km均有分布，未有明显缺失，但是结合区域面积而言，六环外的区域公园总数可能未能满足当地居民的使用；现代城市公园主要分布在四环至六环间，方位上分布较为均匀，分布较为集中，是所有类型公园中，距离城市中心最远距离和最近距离差值最小的大型公园。这也说明，近期公园的建设多集中于四环至六环之间；文化主题公园集中在西部区域，东部区域较为缺失；道路及滨河公园平均距离城市中心较远，集中于北部；农业观光园距离城市中心较近，主要集中于北京的东部区域。

2.5　北京大型公园现状空间形态

　　公园的空间形态是空间格局中的重要组成部分，不同的空间形态适合不同类型的公园。通过查阅相关文献，引入聚落的形态分类法（聚落的分类主要是依据聚落边界的形态特征）。利用相同的分类标准对大型公园的空间形态进行分类研究。而针对聚落的分类，学术界也有多种分类方式，本书选用博士论文"传统乡村聚落二维平面整体形态的量化方法研究"中使用的量化分类方法，将大型公园的空间形态分为以下三种[45]：

　　（1）团状形态：这种形态的大型公园边界近似于圆形或者方形，形态的两端缺少明确的指向性。

　　（2）带状形态：不同于团状形态，这类形态的大型公园轮廓有着明显的指向性，但有且只有一个方向，使得公园沿着某个方向延展生长。

　　（3）指状形态：这类形态的大型公园边界轮廓具有多个方向的指向性，就如同人的手指一样，向外延展。

　　利用ArcGIS平台对大型公园的边界进行量化界定，新建数据库，得到各个大型公园的外界矩形，从而计算出各个公园的长宽比（λ），以及形状指数（S）。（其中λ代表公园的长轴与短轴的比值，可以用来比较公园形态的狭长程度；S为大型公园的边界周长与它等面积的圆形周长的比值，S值主要是用来反映形状的分离程度，公式为$S=P/2\sqrt{A}\pi$，其中设P与A分别为大型公园的周长与面积）。

　　利用λ与S对大型公园的空间形态进行量化界定，得到表2-8。

　　（1）当S>2时，为指状形态。

　　（2）当S<2，λ<2时，为团状形态。

　　（3）当S<2，λ>2时，为带状形态。

各类形态的大型公园数量及平均中心距离城市中心距离　　　　　　　　表2-8

	数量	距离城中心的平均距离（km）	距离城中心的最小距离（km）	距离城中心的最远距离（km）
指状形态	7	45.6	7	87.6
团状形态	112	25.9	0.2	113.9
带状形态	29	27.9	3.5	86.6

（资料来源：自绘）

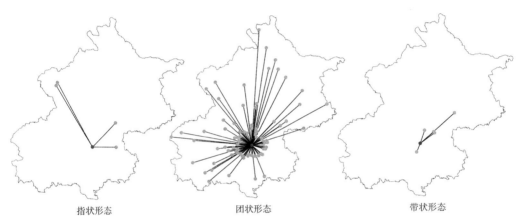

指状形态　　　　　　　　　团状形态　　　　　　　　　带状形态

图2-16　各类形态的大型公园平均中心距离城市中心距离图
（图片来源：自绘）

　　通过表2-8和图2-16分析发现，在北京的大型公园中，团状公园的数量占了绝大部分，约占大型公园总数的四分之三。团状公园的覆盖面积最广，二环至六环间均有分布，并且在各个方位上的分布较为均匀，这可能是受到北京的地貌特征及方格式路网结构的影响，使得大型公园多以规则式的形态为主；指状公园分布最少，只有七个，并且主要分布在六环以外，距离城市中心最远，方位上主要集中在北部；带状公园分布较为均匀，通过研究发现，北京的带状公园多是沿着道路及河流延展开来，结合北京大型公园形态受路网结构的限定以团状为主，可以看出北京的路网结构对北京大型公园的形态影响较大。

　　通过对比上文中的大型公园分类研究可以发现，北京现阶段的大型公园主要是生态公园，即以发挥生态功能的大型公园为主导。但当今学术界并不提倡全部建设规则式的公园形态，尤其表现在生态性公园上，指状形态的公园由于接触面积远大于团状公园，能发挥的生态性作用也远大于团状公园。景观生态学家理查德·福尔曼曾提出对于生态性公园形态的建议，他指出斑块（公园）的理想形状一般是"太空船形"，这样的形态一方面可以建立圆形核心区，起到保护资源的作用，另一方面也有曲线形的边界和各个手指形的分支供物种扩散之用[46]。不仅是生态型公园提倡建设成非规则式，设计理论学家罗伯特·索默尔在谈到大都会建筑事务所建造的建筑时指出："建筑外形是为了塑造'标志性直观现象'。公园已经从典型的大面积、大规模设计（19世纪）向不规则形状（20世纪）乃至标志性设计（21世纪）转变。"[47]结合北京大型公园的形态，可以突破其本身的路网结构特征，增加带状及指状公园的建设，更好地服务于公园的功能性。

第3章

演变的格局

——基于ArcGIS平台的北京
大型公园空间格局研究

3.1　1995~2017年北京大型公园统计概述

　　基于上文提到的矢量数据库，对北京大型公园各个时期的公园面积和数量进行统计研究，得到如下的统计表3-1和分析图3-1，可以观察到1995~2005年大型公园面积及公园数量增长幅度较慢。但到了2005~2017年期间大型公园面积及公园数量有了较大的增长。结合各时期大型公园的分布图可以发现，1995~2005年大型公园主要位于六环以内，在三环内分布比较集中，三环外的大型公园主要分布在西南部（图3-2）。自2005年后，大型公园逐渐向六环外扩散，在六环外新建了大批的大型公园，由于这种情况的特殊性，下文会针对这种变化，引入行政分区、城市路网分区、45°扇形分区，研究大型公园在不同距离及方位上的变化，以及在各个行政区内的数量和面积的变化。同时研究各个时期内不同类型的大型公园变化情况，探讨北京大型公园在各个时期内的空间格局变化。

各时期北京大型公园数量及面积统计表　　　　表3-1

	1995年	2000年	2005年	2010年	2017年
数量	34	43	54	104	148
面积（hm²）	3693	4052.4	5807.7	24149	60295

（资料来源：自绘）

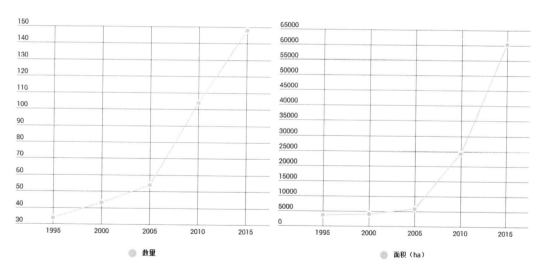

图3-1　各时期北京大型公园数量及面积变化图
（图片来源：自绘）

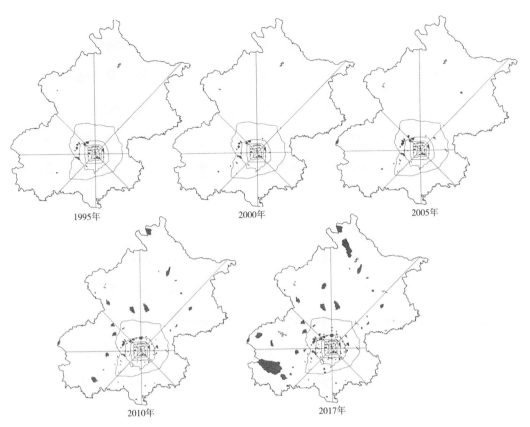

图3-2　各时期北京大型公园分布图
（图片来源：自绘）

3.2　各时期北京大型公园空间格局量化分析

3.2.1　基于行政分区的各时期北京大型公园格局分析

研究各个时期大型公园在北京各行政区内的分布，可在下文中结合各个行政区的人口经济因素，研究人口经济因素对大型公园分布的影响，以及分析大型公园在各个行政区内的分布是否可以满足当地居民的使用需求（因为存在一个公园跨越两个行政区的情况，故在统计时，会将跨区的公园一分为二进行统计，所以会出现各区公园数量相加总数超过总公园数量的情况）。

通过对比各个行政区内大型公园的数量以及每个行政区各个时期内大型公园数量的涨幅程度，如图3-3的分析图和表3-2的统计数据可以得到以下结论：

（1）中心城区的两个区内公园数量一直处于较为平稳的状态，涨幅不大。2005年前，中心城区的公园数量占公园总数量的比重较高，是北京大型公园的主要集中区域。2005年后，随着近郊区和远郊区大型公园数量的增加，大型公园的分布中心开始逐渐向外扩散。

（2）可以明显地发现，近郊区的公园数量不论在哪个时期都占有绝对性的优势，并且涨幅明显，尤其是朝阳和海淀两个区；海淀区、石景山区两区由于位于北京西郊的位置，早期西郊皇家园林的建设，导致初期公园数量就较多，但是石景山区大型公园的增幅程度相对于其他三个区而言较低，海淀区的大型公园增幅程度及速度都保持在一个相对稳定的程度，态势良好；朝阳区的大型公园涨幅程度是所有区总涨幅程度最为明显的，且数量最多，建设力度最大；丰台区的大型公园建设同海淀区一样，保持在一个相对稳定的状态。由此，可以发现除了石景山区外，朝阳区、海淀区、丰台区在2005年后都有较大幅度的增长。总体而言，除石景山区外，近郊区大型公园的建设状态较好，石景山区的大型公园陷入停滞不前的状态。

（3）对比各个时期远郊区的大型公园数量，可以发现1995年远郊区的大型公园建设情况较差，十个区的大型公园总数和中心城区两个区的总数差不多，甚至个别区的大型公园数量为零，这种情况到了2005年后有所好转。2005~2017年间，远郊区的大型公园以成倍的数量增加，以门头沟区、房山区和大兴区为主，但是通过对比也可以发现通州区的大型公园数量一直处于较低的状态，应当予以加强建设。

通过量化数据可以发现：近郊区的大型公园建设一直处于较好的状态，尤其以朝阳区、海淀区为主；中心城区由于面积的限制，大型公园的数量保持稳定，在2005年前保持绝对的优势；远郊区的公园建设从2005年后有了较大增长，2005年前大型公园建设水平较低。总体而言，北京大型公园增长变化呈现"近郊多、远郊次之、中心少"的总体特征。

各时期各行政区北京大型公园面积统计表　　　　　　　　　　　表3-2

		1995年	2000年	2005年	2010年	2017年
中心城区	东城区	9	9	9	10	10
	西城区	6	6	6	7	7
近郊区	朝阳区	5	9	10	27	36
	海淀区	10	13	16	21	23
	石景山区	6	6	10	11	11
	丰台区	6	8		16	24
远郊区	门头沟区	1	1	2	5	10
	房山区	1	3	4	9	12
	大兴区	1	1	2	8	11
	通州区	0	0	1		
	顺义区	1	1	1	3	5

		1995年	2000年	2005年	2010年	2017年
远郊区	昌平区	0	0	0	4	7
	延庆区	1	2	4	6	7
	怀柔区	1	1	1	4	7
	密云县	0	0	0	4	5
	平谷区	0	0	0	2	4

（资料来源：自绘）

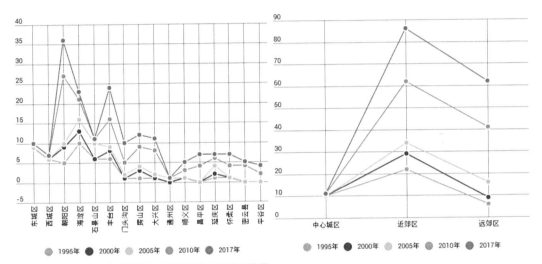

图3-3　各时期北京大型公园在各行政区分布数量折线图
（图片来源：自绘）

3.2.2　基于城市路网结构及45°扇形结构的各时期北京大型公园格局分析

引入北京城市路网结构分区和45°扇形分区，研究各个时期大型公园在不同距离不同方位上的变化情况。基于ArcGIS平台，对大型公园各个时期的变化情况进行量化处理，得到表3-3。通过量化分析总结大型公园在不同距离和不同方向上的格局变化特征：

（1）通过城市路网结构分区研究北京大型公园在不同距离上的格局变化特征，可以发现三环以内的大型公园数量增幅速度最低，其次为三环至四环，增幅速度也较低，说明四环以内的大型公园数量保持在一个相对稳定的状态；四环到五环内以及六环外的大型公园在2005年之前增幅不高，但在2005年后有了很大的增加；五环到六环内的大型公园保持在一个相对稳定的增长速度，并没有像四环到五环内以及六环外一样，所以可以判定，2005~2010年北京大型公园出现大幅度增加主要集中在四环到五环内以及六环外的区域内。

（2）通过45°扇形分区研究北京大型公园在不同方向上的格局变化特征，可以发现除了7区和8区（即北京西北部）外北京大型公园都出现了在2005年后大幅度增加的情况；其中3区、4区、5区（即北京东南及西南部）三个区从总体上看增长幅度最小，尤其是2005年前；其他区域增长较为稳定，幅度相似。

通过量化数据对比大型公园在不同方位和距离上的变化情况，可以发现大型公园在东南部及西南部增长幅度较小，结合现阶段大型公园空间格局可以发现这个区域现阶段的公园分布也较少；北京大型公园在四环内保持一个相对稳定的状态，增长幅度较小，四环到五环内以及六环外的大型公园在2005年之前增幅不高，但在2005年后有了很大的增加。

（3）通过对比各时期北京大型公园整体上的空间分布可以发现（图3-4），虽然大型公园在各个方向分布得不均衡，但是整体上还是呈现出明显的"圈层式"分布特征。2005年前主要集中于三环以内，2010~2015年逐渐向五环发展，到了现阶段，已经发展到六环以外。

各时期北京大型公园在不同距离及方位上的变化统计表　　　　　　表3-3

		1995~2000年	2000~2005年	2005~2010年	2010~2017年
城市路网结构分区	二环内	0	0	2	0
	二环至三环内	0	0	2	0
	三环至四环内	1	1	3	1
	四环至五环内	2	2	21	15
	五环至六环内	5	9	11	16
	六环外	2	4	31	17
45°扇形分区	1区	2	1	11	10
	2区	1	3	10	7
	3区	1	1	6	4
	4区	1	1	7	1
	5区	0	0	8	5
	6区	3	3	5	10
	7区	2	6	6	8
	8区	2	4	6	5

（资料来源：自绘）

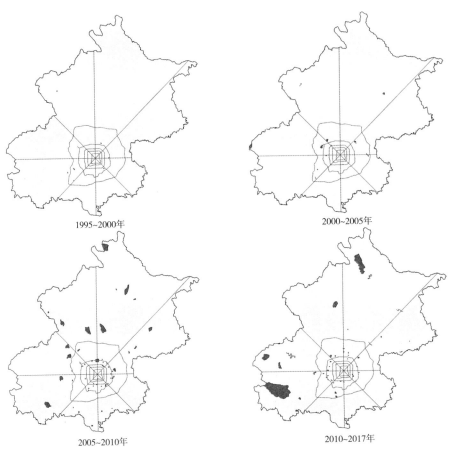

1995~2000年　　　　　　　　　2000~2005年

2005~2010年　　　　　　　　　2010~2017年

图3-4　各时期北京大型公园格局变化图
（图片来源：自绘）

3.2.3　各时期北京大型公园类型研究

利用ArcGIS平台建立北京大型公园类型的属性数据库，在此基础上对各个时期的大型公园的分类数量进行统计，研究不同种类的大型公园变化特征。通过各类大型公园各时期的统计表及变化的折线图（表3-4、图3-5）可发现：

（1）历史名园的数量和面积保持不变，这主要是因为历史名园所指的就是那些有超过50年的造园历史，在一定区域范围内拥有较高的知名度，能够反映北京历史文化的大型公园。

（2）从图表中可以发现，区域公园的建设一直保持着一个相对稳定的状态，按照五年3~4个的速度增加，但是在2005~2010年期间，北京的区域公园数量增加较多。

（3）生态公园是变化最为突出的公园，在2005年前生态公园的建设发展较为缓慢，但到了2005年后，生态公园的数量有了剧增，增加了近5倍。结合上文提到北京大型公园在各时期的变化情况，2005年后北京大型公园剧增的情况主要发生在生态公园上，所以应当对影响生态公园建设的机制进行着重研究。

（4）现代城市公园的建设面积2005年后增加了约6倍，数量增加了两个。通过北京公园的发展历史可以看出，增加的主要是奥林匹克森林公园，该森林公园是为了打造绿色奥运而建设的，是能够体现北京时代特征具有地标性价值的公园，并且具有重大社会综合影响力。

（5）文化主题公园的变化较为稳定，并未有突然变化的现象出现，在2000~2005年期间，并没有文化主题公园的建设情况。

各时期北京大型公园分类统计表　　　　　　　　　表3-4

		1995年	2000年	2005年	2010年	2017年
历史名园	数量	19	19	19	19	19
	面积（hm²）	2106.9	2106.9	2106.9	2106.9	2106.9
现代城市公园	数量	1	3	3	5	9
	面积（hm²）	34.6	200.5	200.5	1340.5	1723.9
文化主题公园	数量	2	3	5	6	9
	面积（hm²）	91.7	112.2	179.3	270.1	270.1
区域公园	数量	9	11	14	20	24
	面积（hm²）	644.6	712.5	1006.5	1277	1395.4
道路及滨河公园	数量	1	1	3	3	4
	面积（hm²）	24.2	24.2	168.9	168.9	210.3
生态公园	数量	3	7	9	48	81
	面积（hm²）	314.2	537.4	1631.2	18906.2	54309.7
农业观光园	数量	0	0	2	3	5
	面积（hm²）	0	0	155.7	207.2	278.9

（资料来源：自绘）

引入45°扇形分区和城市路网分区对各时期北京大型公园进行分类统计（图3-6），可以得到表3-5。通过各类大型公园各时期的统计表及变化的雷达统计图（图3-7）可发现：历史名园不随时间的变化而变化，数量保持恒定；现代城市公园在距离上，分布由中心城区向外发展，演变主要集中于四环至五环以内，发展方向比较多元，最明显的是朝着西南部及南部发展；文化主题公园在距离上，向六环外发展，在方向上主要沿着西南发展；区域公园在距离上，主要沿着三环至四环发展，在方向上发展较为均衡，没有明显的集中；道路及滨河公园在距离上只向六环外发展，在方向上沿着东北方向发展特征明显；生态公园在距离上只沿着四环以外发展，集中于六环外，在方向上发展较为均匀，只是在西南方向上发展较慢；农业观光园的发展只集中于五环至六环内和三环至四环内，在方向上集中于东北部和南部。

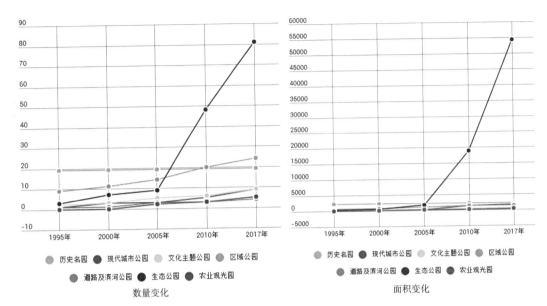

图3-5 各时期北京大型公园类型变化折线图
（图片来源：自绘）

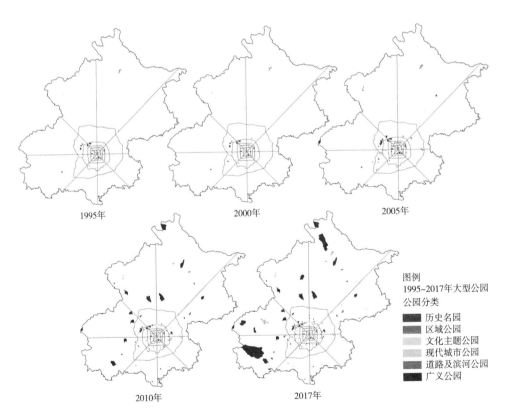

图3-6 各时期北京大型公园类型分布图
（图片来源：自绘）

各时期北京大型公园类型分区统计表　　　　　　　　　　表3-5

			1995年	2000年	2005年	2010年	2017年
历史名园	城市路网结构分区	二环内	5	5	5	5	5
		二环至三环内	7	7	7	7	7
		三环至四环内	4	4	4	4	4
		四环至五环内	2	2	2	2	2
		五环至六环内	4	4	4	4	4
		六环外	0	0	0	0	0
	45°扇形分区	1区	6	6	6	6	6
		2区	2	2	2	2	2
		3区	1	1	1	1	1
		4区	2	2	2	2	2
		5区	2	2	2	2	2
		6区	2	2	2	2	2
		7区	8	8	8	8	8
		8区	6	6	6	6	6
现代城市公园	城市路网结构分区	二环内	0	0	0	0	0
		二环至三环内	0	0	0	0	0
		三环至四环内	0	0	0	0	0
		四环至五环内	1	1	1	3	6
		五环至六环内	2	2	2	3	8
		六环外	0	1	1	1	1
	45°扇形分区	1区	0	0	0	1	2
		2区	0	0	0	0	0
		3区	0	0	0	0	2
		4区	0	0	0	1	1
		5区	0	0	0	1	3
		6区	2	3	3	3	4
		7区	1	1	1	1	1
		8区	0	0	0	1	2
文化主题公园	城市路网结构分区	二环内	0	0	0	0	0
		二环至三环内	0	0	0	0	0
		三环至四环内	0	0	0	0	0
		四环至五环内	0	0	0	1	1
		五环至六环内	2	3	4	3	3
		六环外	0	0	1	2	2

续表

			1995年	2000年	2005年	2010年	2017年
文化主题公园	45°扇形分区	1区	0	0	0	0	0
		2区	0	0	0	0	0
		3区	0	0	0	0	0
		4区	0	0	0	0	0
		5区	1	1	1	2	2
		6区	0	0	2	3	3
		7区	1	2	1	1	1
		8区	0	0	0	0	0
区域公园	城市路网结构分区	二环内	3	3	3	4	5
		二环至三环内	0	0	0	1	2
		三环至四环内	3	3	4	4	7
		四环至五环内	4	4	4	6	11
		五环至六环内	1	2	3	3	3
		六环外	0	1	2	4	5
	45°扇形分区	1区	1	1	2	5	5
		2区	2	2	2	2	4
		3区	3	3	3	2	4
		4区	1	1	2	3	4
		5区	2	2	2	2	2
		6区	1	2	3	4	5
		7区	0	0	1	2	3
		8区	1	2	3	3	3
道路及滨河公园	城市路网结构分区	二环内	0	0	0	0	0
		二环至三环内	0	0	0	0	0
		三环至四环内	0	0	0	0	0
		四环至五环内	0	0	0	0	0
		五环至六环内	0	0	1	1	1
		六环外	1	1	2	2	3
	45°扇形分区	1区	0	0	0	0	0
		2区	0	0	1	1	2
		3区	0	0	1	1	1
		4区	0	0	0	0	0
		5区	0	0	0	0	0

续表

			1995年	2000年	2005年	2010年	2017年
道路及滨河公园	45°扇形分区	6区	0	0	0	0	0
		7区	0	0	0	0	0
		8区	1	1	2	2	2
生态公园	城市路网结构分区	二环内	0	0	0	0	0
		二环至三环内	0	0	0	0	0
		三环至四环内	0	0	0	1	1
		四环至五环内	0	0	0	13	25
		五环至六环内	0	0	4	11	24
		六环外	3	3	5	24	37
	45°扇形分区	1区	2	3	3	8	17
		2区	0	1	0	10	15
		3区	0	1	0	6	7
		4区	0	1	0	5	6
		5区	0	0	0	3	6
		6区	1	2	2	5	14
		7区	0	0	3	6	13
		8区	0	0	2	6	11
农业观光园	城市路网结构分区	二环内	0	0	0	0	0
		二环至三环内	0	0	0	0	0
		三环至四环内	0	0	0	1	1
		四环至五环内	0	0	0	0	0
		五环至六环内	0	0	2	2	3
		六环外	0	0	0	0	1
	45°扇形分区	1区	0	0	0	1	1
		2区	0	0	2	1	3
		3区	0	0	0	0	0
		4区	0	0	0	0	0
		5区	0	0	0	1	1
		6区	0	0	0	0	0
		7区	0	0	0	0	0
		8区	0	0	0	0	0

（资料来源：自绘）

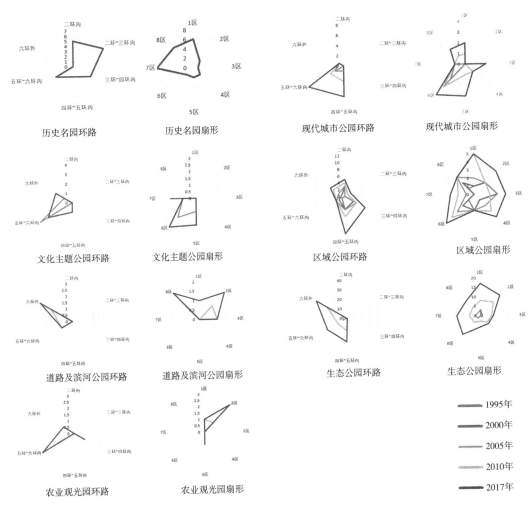

图3-7 各时期北京大型公园类型分区统计图
（图片来源：自绘）

3.3 各时期北京大型公园空间分布特征研究

　　基于矢量数据库，利用ArcGIS平台提取各时期大型公园的平均中心，新建点数据的数据库。在上一节研究的基础上，利用ArcGIS平台的空间统计工具，分析各时期大型公园的平均中心数据，通过研究各时期大型公园的分布模式、分布方向以及分布密度，来总结各时期大型公园的空间分布特征。

3.3.1 各时期北京大型公园空间分布模式研究

使用ArcGIS空间统计工具中的平均最近邻工具，对各个时期大型公园的分布模式进行分析，得到各个时期大型公园分布模式的报表（图3-8）。其中分布模式共有三种：离散分布、聚类分布及随机分布。如果得出分布模式为随机分布，这说明该时期的大型公园的空间分布是随机形成，没有规律性。

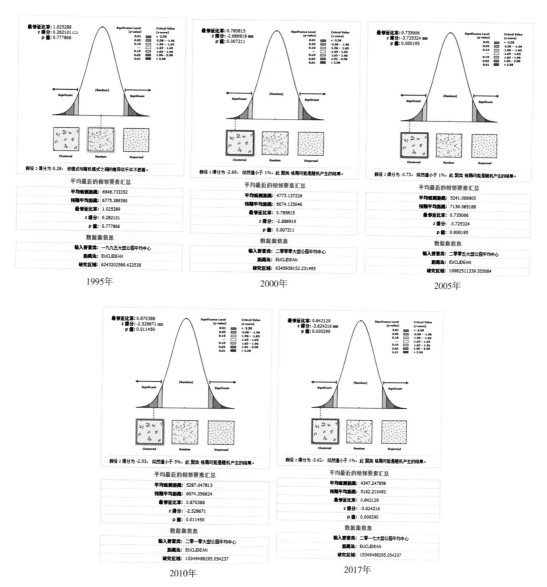

图3-8 各时期北京大型公园空间分布模式图
（图片来源：自绘）

平均最近邻工具主要通过计算各个时期的大型公园平均中心分布的最近邻指数来判断其分布模式。最近邻指数的计算，是根据每个公园的平均中心与它最近的公园平均中心平均距离，除以预期平均距离（预期平均距离指随机分布模式中邻域间的平均距离）得到的比值。如果最近邻指数小于1，则说明该时期的各大型公园平均中心间的平均距离小于假设随机分布中的平均距离，所表现出来的分布模式就是聚类分布，最近邻指数越低，则说明聚类分布的程度就越明显。如果最近邻指数大于1，则说明该时期的各大型公园平均中心间的平均距离大于假设随机分布中的平均距离，所表现出来的分布模式就是离散分布，最近邻指数越高，则说明离散分布的程度就越明显[48]。

通过对比五个时期北京大型公园的分布模式图。可以发现，除了1995年外，2000年、2005年、2010年、2017年北京大型公园分布模式都是聚类分布。这说明各时期内北京大型公园的分布都呈现出聚集分布的规律，有一定的研究意义。只有1995年大型公园呈现出随机分布模式，主要是因为1995年的大型公园数量较少，只有34个，样本数量较少，所以不能体现出它的分布规律。

对比有聚类分布特征的四个时期的最近邻指数：2000年的最近邻指数为0.786；2005年的最近邻指数为0.735；2010年的最近邻指数为0.87；2017年的最近邻指数为0.84。最近邻指数从大到小分布依次是：2010年、2017年、2000年、2005年；从四个时期的最近邻指数，可以发现在2005年，北京大型公园分布的聚类程度最高。在2010年北京大型公园分布的聚类程度最低。结合前述大型公园在各时期的变化可以看出，出现这种情况的主要原因是2005年前大型公园的建设主要集中于近郊区，加强了大型公园的聚集度。2005~2010年大型公园的建设主要集中于远郊区，使得大型公园建设重心向外延伸，整体布局趋于分散。到了2010~2017年，近郊区的大型公园建设高于远郊区，这又使得大型公园的建设重心向内转移，整体布局趋于集中。

基于ArcGIS平台，空间统计模块中的平均最近邻工具，分析北京大型公园的分布模式可以发现，北京大型公园呈现局部集中、整体分散的分布模式。在2005年前主要以集中为主要特点，2005年后随着远郊区大型公园的建设重心逐渐向外延伸，整体分散的特点更为明显。这一特点在下文各时期北京大型公园核密度分析中会体现得更为明显。

3.3.2 各时期北京大型公园空间分布方向研究

基于ArcGIS软件，利用空间统计模块中的标准差椭圆工具，对各个时期大型公园的分布方向进行分析，得到各个时期大型公园分布方向图（图3-9）。其中利用标准差椭圆工具，研究各时期大型公园分布方向的分析有两种，一种是按照公园数量研究其分布方向，另外一种是按照公园面积研究其分布方向。本节研究主要侧重于基于公园数量对北京大型公园的分布方向研究。

标准差椭圆工具为各时期所有大型公园的平均中心创建出一个新的椭圆面要素类。通过查看各时期大型公园的分布是否为狭长形，来判断大型公园分布的特定方向性。标准差椭圆工具输出椭圆面的长轴方向，代表了该时期大型公园的分布方向，也就是该时期大型公园的分布轴线。椭圆长轴与短轴的差值越大，说明大型公园沿着某一方向分布的趋势越明显，也就是分布轴线越明显；反之如果输出的椭圆越接近圆形，则说明各个方向上大型公园的分布较为平均，没有明显的分布方向；椭圆所覆盖的范围包含了各时期大型公园中68%的公园数量。所以，可以通过输出的椭圆大小判断各时期大型公园向外的扩展程度，椭圆面积越大，说明中心区大型公园占比越少，也就说明向外围扩散程度越大；同时通过椭圆的中心可以判断各时期大型公园的分布中心。

通过对比五个时期北京大型公园的分布方向（图3-9），可以发现，1995~2000年椭圆面积变化不大，主要覆盖范围在六环以内。2000~2010年，椭圆的面积逐渐增大，覆盖范围超过六环，

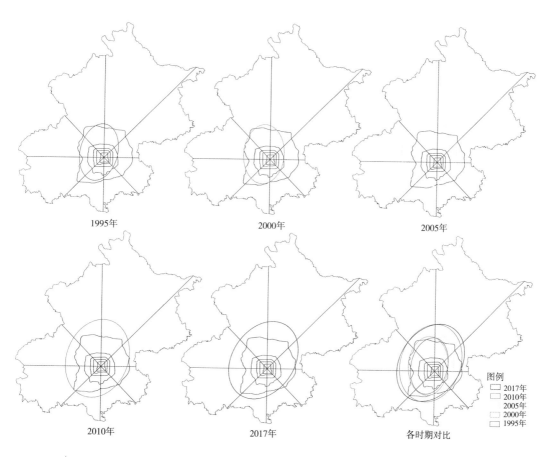

图3-9 各时期北京大型公园空间分布方向图
（图片来源：自绘）

2010~2017年椭圆面积变化的程度并不明显，这说明自从2000年后，北京外围的大型公园建设逐步增加，也就进一步证明了第二章中提到的从2000年后北京大型公园的建设重心逐渐向外延伸，整体分散的特征更为明显。

通过对比五个时期椭圆的中心可以发现，椭圆的中心多集中在西部，尤其是2005年最为明显，这就说明北京大型公园的平均中心主要位于西部，即西部的大型公园分布数量要多于东部，才会导致平均中心位于西部的情况出现。这种情况到了2010年以后逐渐有所好转，虽然2010年以后的椭圆中心仍然位于西部，但有往东部转移的趋势，这说明2010年以后逐渐增加了西部的公园建设，但是东部的公园数量仍然少于西部，应当继续加大东部公园的建设。

最后比较五个时期大型公园的长轴方向，可以发现2005年椭圆的长短轴差值最小，其次为2010年和2017年，差值最大的是1995年和2000年。这就说明1995年和2000年的大型公园分布轴线性最强，其次为2010年和2017年，2005年的大型公园分布轴线性最弱，也就是说2005年大型公园分布得最为均匀。通过对比长轴的分布方向，可以发现北京大型公园的轴线方向由最初的东北—西南，变成沿着正北—正南发展，最后依旧沿着东北—西南发展，且越到后期沿着东北—西南分布的轴线性越强。

基于ArcGIS平台，利用空间统计模块中的标准差椭圆工具，分析北京大型公园的分布方向，可以发现北京大型公园由集中在六环内建设，逐渐转变为向外围建设。由主要集中在西部建设、忽略东部转变为逐步增加对东部公园的建设。分布的轴线方向总体上沿着东北—西南方向分布。同时，1995年大型公园分布的轴线性最强，到了2005年大型公园分布的轴线性降到最低，之后北京大型公园分布的轴线性有所回升，但是仍然没有超过1995年。导致这种情况的原因主要是2000年以前北京大型公园以历史名园为主，受到古代城市建制的影响，园林规划分布也同北京城市规划一样，有着明显的南北轴线方向。到了2000年后，生态公园得到大力发展，中心城区的历史名园的分布，已经不能够再影响到整个大型公园的分布特征。所以导致了中心城区的大型公园仍然有着明显的南北轴线关系。但是整个北京大型公园的发展，已经由沿着南北轴线分布转变为沿着东北—西南的轴线分布。从北京大型公园分布的轴线方向，已经可以看到北京城市建制和城市规划对于北京大型公园空间格局的影响。

3.3.3 各时期北京大型公园分布密度研究

基于ArcGIS软件，利用Spatial Analyst模块中的核密度分析工具，对各个时期大型公园的分布密度进行分析。得到各个时期大型公园空间分布的密度图（图3-10）。

核密度分析工具用于计算各时期大型公园的平均中心和在其附近区域中的密度。通过核密度分析工具可以明显看出，各时期大型公园分布的重心。其中，颜色越深说明公园密度越高，即公园分布的重心。在核密度分析中，设置的搜索半径与生成的密度栅格平滑和概化程度成正比。但是如果设置的搜索半径过大能够显示的大型公园分布重心会过少；值越小，生成的栅格显示的信息越详细，但是如果搜索半径过小，可以展现的大型公园分布重心会过多，不宜统计[48]。为了便于统计各个时期公园的分布重心，本书将搜索半径设置为4000km，使用自然断点法分为9类进行统计分析。

　　通过对比五个时期北京大型公园的分布密度图可以发现，五个时期中黄色区域越来越大，这就说明大型公园在北京的分布范围越来越广，到了2010年后几乎覆盖了北京整个市域范围。对比各时期大型公园的分布重心，可以发现1995年和2000年北京大型公园的分布重心主要集中于中心城区；到了2005年以后，近郊区的分布重心逐渐增加，且远郊区开始出现小的分布重心，但这个

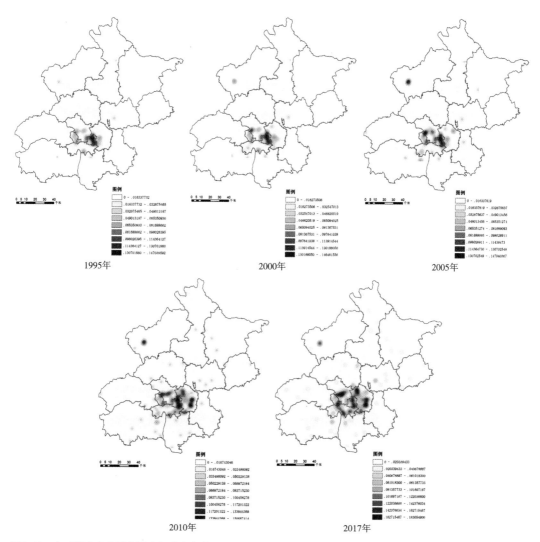

图3-10　各时期北京大型公园空间分布密度图
（图片来源：自绘）

时期的分布重心还是集中于中心城区；2010年以后，可以明显地发现大型公园的分布重心主要集中在近郊区，且远郊区小的分布重心也开始增加。

整体而言，北京大型公园具有明显的向心性。其中近郊区和中心城区是大型公园分布的重心，随着时间的推移，大型公园逐渐向偏远郊区进行蔓延，分布重心也由单一的重心向外扩散，在中心城区和近郊区形成多重心的格局。

3.4 北京大型公园与中小型公园空间格局特征对比研究

大型公园作为城市公园的一部分，对于北京公园系统的构建，乃至北京绿地系统的构建有着重要的意义。但是大型公园也要和中小型公园一起更好地发挥公园系统的作用。将北京大型公园与中小型公园进行对比研究，有助于掌握整个北京公园系统的现状情况。

通过API系统连接高德地图，抓取北京公园POI数据。由于POI数据是按照地图网站的分类方式进行分类，分类方式比较混乱，重合的数据较多。所以，需要对抓取得到的数据进行筛选和重新分类，得到需要的中小型公园矢量数据，加入地理信息数据库。在该矢量数据基础上，利用ArcGIS平台将北京大型公园的空间格局特征与北京中小型公园的空间格局特征进行对比研究。

首先对比北京大型公园和北京中小型公园的空间分布模式，可以发现现阶段不论是北京大型公园还是中小型公园，公园的分布模式都是聚类分布，呈现出一定的分布特征（图3-11）。这就说明不论是大型公园还是中小型公园，在空间分布上都具有一定的规律性。对比北京大型公园和中小型公园的最近邻指数可以发现，现阶段北京大型公园的聚类指数为0.84，中小型公园的聚类指数为0.62。这就说明北京大型公园的聚类程度远远高于北京中小型公园。通过对比北京大型公园和北京中小型公园的数量可以发现，由于中小型公园的数量远高于大型公园，中小型公园的聚类程度越低，说明分布得越均衡。经过前述分析也可以得知，由于面积的限制，现阶段大型公园主要集中分布在六环以外，聚类程度较高，但是分布得并不平均。这一特点在分布密度的对比中会更加明显。

其次，对比北京大型公园和北京中小型公园的分布轴线方向，可以发现现阶段北京大型公园与北京中小型公园的分布方向相似（图3-12）。从椭圆的面积来看，中小型公园的椭圆面积要高于大型公园，但整体差异不大，这就说明大部分的北京大型公园和中小型公园分布都集中于六环以内；从椭圆的中心点来看，北京大型公园分布的平均中心较北京中小型公园而言集中于西部。结合北京中小型公园的分布，从整体上来看，北京的公园分布中心仍然位于北京的中心区域，这就说明北京公园的整体分布还比较均匀；从椭圆的长轴方向可以看出来，不论是北京的大型公园还是北京的中小型公园，都是沿着东北—西南方向的轴线分布，这也说明北京的公园都是沿着北

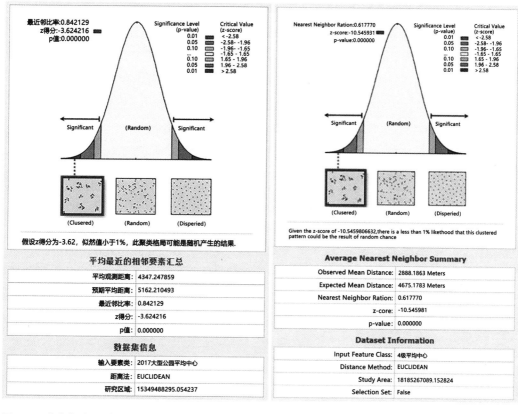

图3-11 北京大型公园与中小型公园空间分布模式图
（图片来源：自绘）

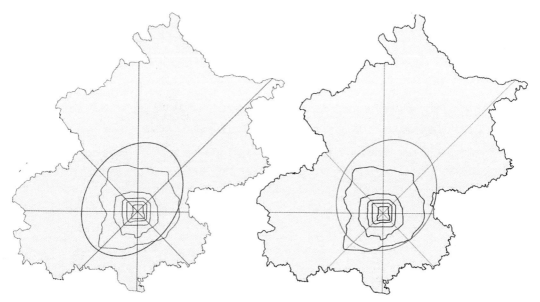

图3-12 北京大型公园与中小型公园空间分布轴线方向图
（图片来源：自绘）

京的平原方向分布。同时对比北京椭圆的长短轴比值，北京中小型公园要小于大型公园。这就说明北京大型公园分布的轴线性要强于中小型公园，但是分布的整体均匀度低于中小型公园。

最后，对比北京大型公园和北京中小型公园的分布密度，可以发现现阶段北京大型公园与北京中小型公园的分布密度整体相似，都是集中分布在北京城六区的范围以内（图3-13）。首先大型公园的分布范围要大于中小型公园，也就是说在远郊区尤其是山区内，还是以大型公园的分布为主；其次大型公园的分布密度图，呈现出明显的局部集中、整体分散的分布特征。中小型公园的分布相对于大型公园而言，分布的重心远远高于大型公园，没有像大型公园那样有明显的分布核心。虽然在中心城区也有明显的聚集状态，但总体而言分布较为均匀。中小型公园在东部分布的重心点要远高于西部，这就说明，整体而言北京的大型公园多分布于西部区域，中小型公园多分布于东部区域。

通过上文中对比大型公园和中小型公园的空间格局特征，可以发现，不论从空间分布模式、空间分布方向还是空间分布密度，中小型公园分布的均匀性都要好于大型公园，这也是大型公园在后期发展中所要改善的部分。其次大型公园的覆盖面积要大于中小型公园，这就说明在偏远山区还是以大型公园为主。最后中小型公园和大型公园的分布方向都是沿着东北—西南方向分

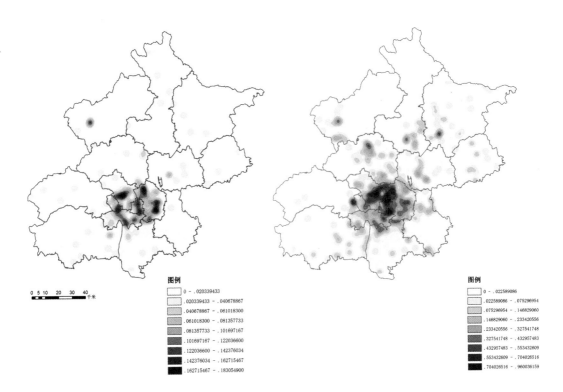

图3-13　北京大型公园与中小型公园空间分布密度图
（图片来源：自绘）

布，这与北京平原的分布方向相同，这说明不论是大型公园还是小型公园，地貌特征对于公园的分布都是有一定影响的。同时经过分布方向和分布密度的分析可以看出，中小型公园在东部分布较多，在一定程度上使得北京整个公园体系分布较为均衡。在对中小型公园进行研究后，对大型公园的空间分布模式有了更为深刻的了解，两者之间的空间分布差异性较大，中小型公园的存在弥补了大型公园在空间分布的不足，两者是相互依存的关系，共同组成了北京公园体系。

第4章

机制的互动

——北京大型公园演变机制及影响研究

4.1 资源的基础——自然因素

北京位于平原向高原过渡的区域，整体呈现出西北高、东南低的地势特征。北京市域范围总面积共16410.54km²，大部分区域是山地，山地总面积约为100072km²，占整个北京市的61.4%；平原主要位于北京东南部，总面积为6338km²，占整个北京市面积的38.6%。北京水资源分布较少，并且面临着水资源污染严重和年降水量较少等情况。北京市森林覆盖率中等，根据北京市园林局2010年森林普查资料显示，北京市域范围内林地总面积达到66.61万hm²，森林覆盖率占全市的37%。但是从整体上来看，北京市森林资源分布不均匀，主要聚集在远郊区，和城镇距离越远，森林覆盖率越高，反之亦然。

大型公园占地面积较大，受自然因素影响较为严重。从宏观层面上看，北京东北部、北部、西部以及西南部地势较高，包围住整个北京市域，使得北京自然山水格局整体上呈现出半包围型的山地格局[49]。对比北京绿地系统格局可以发现，北京的山水格局受到自然资源的限制，自然资源的分布直接构成了北京现阶段的绿地系统构架。

从微观层面上看，基于ArcGIS标准椭圆差工具对大型公园空间格局进行研究，得到的结论可以看出现阶段北京大型公园整体上是沿着东北—西南方向分布的，这与北京的地势特征相符合。同时由于大型公园自身的特殊性，所占面积较大，是一个相对独立的生态空间，所以大型公园的选址一般都处于自然资源较为丰富的区域。尤其是通过对北京大型公园的分类进行分析后可以发现，北京大型公园多为广义上的生态公园，这类公园绿地率较高，对于自然环境要求高，可以发挥更为重要的生态作用。所以，从微观层面上进行分析可以发现北京自然资源的分布对于大型公园空间格局有一定影响。

对比北京市市域用地规划图与北京市大型公园分布图可发现，森林公园的建设多集中在森林资源较好的东北、东南和西北方向，这些区域山区较多，自然资源较好，有利于大型公园的建设。2005年后逐渐出现由中心向外辐射的趋势，主要原因为森林公园及郊野公园的大量建设，偏远郊区自然环境较好，便于建设大型公园。

但是，大型公园在外围多分布于山区，东南部的平原区域大型公园分布反而较少。永久农田的分布是出现这种分布格局的主要原因之一。通过对比北京市永久农田规划图和北京大型公园分布图可以发现，东南部由于地势较为平稳，所以用地类型多为城镇建设用地和永久农田用地（图4-1）。这样的分布模式一方面限制了大型公园的分布，另一方面农田也具有生态防护的作用，从而导致了在空间格局上大型公园在东南部区域分布较少的现象出现。

利用ArcGIS平台，将北京大型公园的分布与北京水资源分布图进行叠加，图中棕色越深，表示大型公园的分布密度越高。通过对比可以发现，北京市主要河流周边为大型公园密集出现的区域，这种现象在六环外分布得更为明显（图4-2）。

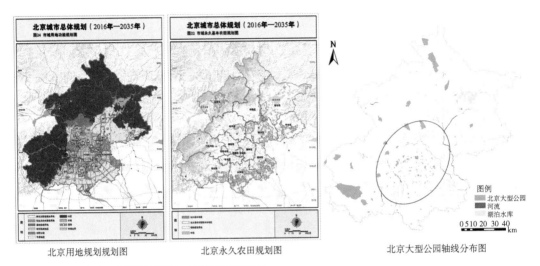

图4-1 北京市市域用地类型规划图与大型公园分布对比

图4-2 北京市大型公园绿地与河流关系示意图

通过对比大型公园和北京自然资源分布的情况可以发现，在远郊区大型公园的分布受到自然资源影响的情况较为明显。远郊区的大型公园多为生态公园，结合第2章和第3章量化分析的结论，同时对比北京自然资源的分布可以发现，北京远郊区大型公园多分布于山区及水域周边，这源于山区森林资源比较发达。东南部大型公园分布较少，这主要源于永久农田的分布限制了大型公园的发展。

4.2 需求的基础——人口经济因素

除了自然资源，社会因素也是大型公园演变的驱动力，如果说自然因素是大型公园建造的基础条件，那么社会因素则是大型公园发展及演变的决定性因素。针对影响大型公园演变的社会因素进行统计分析，可将社会因素细分为：人口经济因素、历史因素、交通路网因素、北京城市建设及绿地格局规划和重大的历史事件等。

大型公园除了有重要的生态功能外，为使用者服务也是它的重要功能。通过研究从1995年到2017年的各个行政区内大型公园密度与人口密度之间的对比，探讨两者之间的关联，研究城市人口对于大型公园格局的影响。（2010年前，中心城区共分为4个区：东城区、西城区、崇文区及宣武区。2010年以后，崇文区与东城区合并形成新的东城区，宣武区与西城区合并形成新的西城区。本书为了便于对比研究，2010年的数据也按照2010年后的分区方式进行统计分析。）

通过第2章中对公园的发展过程进行研究可以发现，1979年北京公园建设进入了一个快速发展的阶段，从这个阶段开始，公园的建设得到了更多的资金投入，资金来源也由单一的政府投入，转为由政府和非政府机构共同出资。从这个角度来看，可以通过研究各个行政区内的大型公园密度与其对应的GDP相比较，探讨城市经济因素对于大型公园格局的影响。

4.2.1 人口因素

通过对比1995年、2000年、2005年、2010年和2016年《北京统计年鉴》中统计的北京各个行政区县内的人口数量和行政区内的大型公园密度得到如下表格（表4-1~表4-5）。

1995年北京各行政区域内大型公园及人口密度统计表　　　　表4-1

	土地面积（km²）	大型公园数量（个）	大型公园面积（hm²）	大型公园密度（hm²/km²）	常住人口（万人）	人口密度（人/km²）
东城区	41.84	9	347.2	8.298	103.9	2.4833
西城区	50.7	6	236.8	4.671	134.3	2.6489
朝阳区	470.8	9	626.4	1.331	152.2	0.3233
丰台区	304.2	8	728.1	2.393	82.2	0.2702
石景山区	81.8	6	461.3	5.639	33.2	0.4059
海淀区	426	13	1213.7	2.849	161.6	0.3793
门头沟区	1331.3	0	0	0.000	23.4	0.0176
房山区	1866.7	3	127	0.068	74.3	0.0398
通州区	870	0	0	0.000	59.3	0.0682

续表

	土地面积（km²）	大型公园数量（个）	大型公园面积（hm²）	大型公园密度（hm²/km²）	常住人口（万人）	人口密度（人/km²）
顺义区	900	1	28.5	0.032	53.2	0.0591
昌平区	1430	0	0	0.000	41.6	0.0291
大兴县	1012	1	29.3	0.029	50.1	0.0495
平谷县	1075	0	0	0.000	38.6	0.0359
怀柔县	2557.3	1	182.3	0.071	25.6	0.0100
密云县	2335.6	0	0	0.000	42.5	0.0182
延庆县	1982	1	24.2	0.012	26.8	0.0135

（常住人口数据资料来源：《北京统计年鉴1995》）

2000年北京各行政区域内大型公园及人口密度统计表　　　　表4-2

	土地面积（km²）	大型公园数量（个）	大型公园面积（hm²）	大型公园密度（hm²/km²）	常住人口（万人）	人口密度（万人/km²）
东城区	41.84	9	347.2	8.298	103.9	2.4833
西城区	50.7	6	236.8	4.671	134.3	2.6489
朝阳区	470.8	9	626.4	1.331	152.2	0.3233
丰台区	304.2	8	728.1	2.393	82.2	0.2702
石景山区	81.8	6	461.3	5.639	33.2	0.4059
海淀区	426	13	1213.7	2.849	161.6	0.3793
门头沟区	1331.3	0	0	0	23.4	0.0176
房山区	1866.7	3	127	0.068	74.3	0.0398
通州区	870	0	0	0	59.7	0.0686
顺义区	980	1	28.5	0.029	53.7	0.0548
昌平区	1430	0	0	0	42.8	0.0299
大兴县	1012	1	29.3	0.029	52.8	0.0522
平谷县	1075	0	0	0	38.7	0.0360
怀柔县	2557.3	1	182.3	0.071	26.3	0.0103
密云县	2335.6	0	0	0	41.5	0.0178
延庆县	1980	2	70.6	0.036	26.9	0.0136

（常住人口数据资料来源：《北京统计年鉴2000》）

2005年北京各行政区域内大型公园及人口密度统计表　　　　表4-3

	土地面积（km²）	大型公园数量（个）	大型公园面积（hm²）	大型公园密度（hm²/km²）	常住人口（万人）	人口密度（万人/km²）
东城区	41.84	9	347.2	8.298	86	2.0554
西城区	50.7	6	236.8	4.671	119.2	2.3511
朝阳区	470.8	10	700.3	1.487	280.2	0.5952
丰台区	304.2	9	762.5	2.507	156.8	0.5155
石景山区	81.8	10	522	6.381	52.4	0.6406
海淀区	426	16	1793.6	4.210	258.6	0.6070
门头沟区	1331.3	2	533.5	0.401	27.7	0.0208
房山区	1866.7	4	151.2	0.081	87	0.0466
通州区	870	1	108.8	0.125	86.7	0.0997
顺义区	980	1	28.5	0.029	71.1	0.0726
昌平区	1430	0	0	0.000	78.2	0.0547
大兴县	1012	1	29.3	0.029	88.6	0.0875
平谷县	1075	0	0	0.000	41.4	0.0385
怀柔县	2557.3	1	182.3	0.071	32.2	0.0126
密云县	2335.6	1	229.7	0.098	43.9	0.0188
延庆县	1980	4	126.3	0.064	28	0.0141

（常住人口数据资料来源：《北京统计年鉴2005》）

2010年北京各行政区域内大型公园及人口密度统计表　　　　表4-4

	土地面积（km²）	大型公园数量（个）	大型公园面积（hm²）	大型公园密度（hm²/km²）	常住人口（万人）	人口密度（万人/km²）
东城区	41.84	9	347.2	8.298	91.9	2.1965
西城区	50.7	7	250.9	4.949	124.3	2.4517
朝阳区	470.8	27	2265.6	4.812	354.5	0.7530
丰台区	304.2	16	1002.3	3.295	211.2	0.6943
石景山区	81.8	8	522.3	6.385	61.6	0.7531
海淀区	426	21	2776.9	6.519	328.1	0.7702
门头沟区	1331.3	5	1514.5	1.138	29	0.0218
房山区	1866.7	9	2354	1.261	94.5	0.0506

续表

	土地面积（km²）	大型公园数量（个）	大型公园面积（hm²）	大型公园密度（hm²/km²）	常住人口（万人）	人口密度（万人/km²）
通州区	870	1	108.8	0.125	118.4	0.1361
顺义区	980	3	404.7	0.413	87.7	0.0895
昌平区	1430	4	5630.9	3.938	166.1	0.1162
大兴县	1012	6	289.1	0.286	136.5	0.1349
平谷县	1075	2	683.1	0.635	41.6	0.0387
怀柔县	2557.3	4	3268.8	1.278	37.3	0.0146
密云县	2335.6	4	1877.7	0.804	46.8	0.0200
延庆县	1980	6	534.6	0.270	31.7	0.0160

（常住人口数据资料来源：《北京统计年鉴2010》）

2016年北京各行政区域内大型公园及人口密度统计表　　　　表4-5

	土地面积（km²）	大型公园数量（个）	大型公园面积（hm²）	大型公园密度（hm²/km²）	常住人口（万人）	人口密度（人/km²）
东城区	41.84	9	347.2	8.298	90.5	2.1630
西城区	50.7	7	250.9	4.949	129.8	2.5602
朝阳区	470.8	36	2642.6	5.613	395.5	0.8401
丰台区	304.2	24	1254.7	4.125	232.4	0.7640
石景山区	81.8	10	650	7.946	65.2	0.7971
海淀区	426	29	3160.6	7.419	369.4	0.8671
门头沟区	1331.3	10	5191.9	3.900	30.8	0.0231
房山区	1866.7	12	23484	12.580	104.6	0.0560
通州区	870	1	108.8	0.125	137.8	0.1584
顺义区	980	5	517.8	0.528	102	0.1041
昌平区	1430	7	5738.4	4.013	196.3	0.1373
大兴县	1012	9	626	0.619	156.2	0.1543
平谷县	1075	4	767.2	0.714	42.3	0.0393
怀柔县	2557.3	7	12379	4.841	38.4	0.0150
密云县	2335.6	5	1932.6	0.827	47.9	0.0205
延庆县	1980	7	896.4	0.453	31.4	0.0159

（常住人口数据资料来源：《北京统计年鉴2016》）

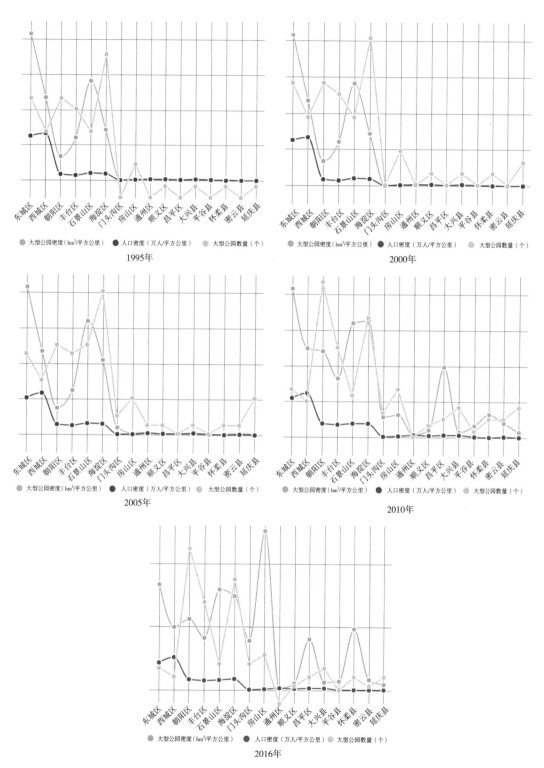

图4-3 各时期北京各行政区域内大型公园及人口密度对比图
（图片来源：自绘）

通过统计数据及对比图示（图4-3），可以发现2005年以前，无论从面积还是从数量上看，大型公园都集中于中心城区及近郊区分布，2005年以后大型公园在远郊区的面积有了大幅度的增加，主要集中于房山区、昌平区以及怀柔区。将大型公园的演变格局与各行政区的人口数据进行对比可以得到以下结论：

（1）从整体上看，大型公园多分布在人口密度较高的中心城区及近郊区，虽然到了2005年后远郊区大型公园的数量有了较大的提升，但是总体上看，还是中心城区及近郊区占据了主导地位，这就说明在一定程度上，大型公园的分布与人口分布存在一定的正相关关系。

（2）对比中心城区的人口密度与大型公园分布，可以发现两者都维持在一个相对稳定的状态，并且大型公园的分布密度在各个行政区内都占据主导地位。大型公园的分布密度足以满足该区域居民的日常使用。同时中心城区面积较小，人口密度过大，限制了大型公园的进一步发展。

（3）对比近郊区的人口密度与大型公园的分布可以发现，大型公园的分布与人口密度有一定的关系，但这种正相关的关系并不强烈。在四个近郊区中，石景山的人口密度一直处于较高水平，对应的石景山大型公园分布密度也一直维持在一个较高的水平，但石景山的大型公园数量却一直较低。与之对应的是朝阳区，1995年朝阳区的人口密度较高，但是大型公园密度较低。1995年以后，朝阳区的人口密度处于快速增长阶段，朝阳区的大型公园建设也处于较高的水平。无论从大型公园数量还是从大型公园的分布密度来看，都有了很大的提升。2016年在近郊区四个区中，朝阳区的人口密度位于第二，大型公园的数量位于第一，分布密度位于第二，与人口密度呈现出正相关的关系。海淀区与朝阳区类似，都是随着人口密度的增加，大型公园的建设数量及分布密度都有了较大的提升。在近郊区四个区中，海淀从1995年开始到2016年人口密度与大型公园的分布密度及数量一直都是呈现正相关关系。丰台区的大型公园建设也是随着人口密度的增加而增加，但无论是人口密度还是大型公园的增长幅度都没有朝阳区、海淀区明显。

总体而言，从1995年到2016年，除了石景山区大型公园数量和人口密度不太相符外，近郊区的三个城区大型公园的数量、分布密度与人口密度基本由负相关向正相关的关系发展，尤其是朝阳区最为明显。同时也可以看出石景山的大型公园分布与人口密度之间的关联并不密切，这也说明了人口密度与大型公园分布的关联性并不是特别明显。

（4）观察远郊区的10个区，可以发现人口密度与大型公园分布的关联性特别小，远不如近郊区与中心城区明显。通过前面大型公园的分类研究可知，由于远郊区的大型公园以生态功能型的公园为主，这类公园的建设主要是为了发挥它的生态作用，所以根据人口分布对这类公园进行统计分析的意义不大，两者关联性较小。

对比北京各个行政区内的人口数量和行政区内的大型公园密度和数量可以发现，在中心城区及近郊区大型公园与人口密度关系较为密切，这种关系到了远郊区逐渐弱化，关联性逐渐变小，近似没有。

同时通过API抓取高德地图上北京所有的城市公园绿地，对比城市公园绿地和人口密度的关系（通过对比北京各行政区内的公园总面积和各行政区内的常住人口密度），得到图4-4，可以发现北京公园分布与人口密度呈现出正比的关系。之所以产生这种现象主要是由于使用者对于室外娱乐空间的需求导致。人口密度越高，所需要的活动场所就越多，基于这种需求所要建设的公园数量也就越多。但是这种关系在大型公园上减弱了很多，主要是因为大型公园独特的生态性，这类的生态性公园建设并不完全是为了休闲娱乐使用，与人口密度的关系不那么密切。

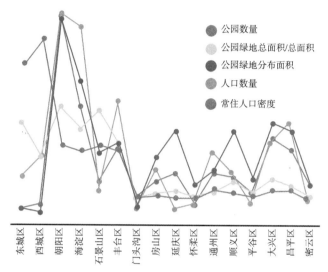

图4-4 北京各行政区域内公园绿地与人口密度对比图示
（图片来源：自绘）

4.2.2 经济因素

通过对比2010年和2016年《北京统计年鉴》中统计的北京各个行政区县内的人均GDP和行政区内的大型公园密度得到表4-6、表4-7。

2010年北京各行政区域内大型公园及人均GDP统计　　　　表4-6

	土地面积（km²）	大型公园数量（个）	大型公园面积（hm²）	大型公园密度（hm²/km²）	人均GDP（万元）
东城区	41.84	9	347.2	8.298	13.31
西城区	50.7	7	250.9	4.949	16.55
朝阳区	470.8	27	2265.6	4.812	7.91
丰台区	304.2	16	1002.3	3.295	3.48
石景山区	81.8	8	522.3	6.385	4.80
海淀区	426	21	2776.9	6.519	8.45

续表

	土地面积（km²）	大型公园数量（个）	大型公园面积（hm²）	大型公园密度（hm²/km²）	人均GDP（万元）
门头沟区	1331.3	5	1514.5	1.138	2.98
房山区	1866.7	9	2354	1.261	3.93
通州区	870	1	108.8	0.125	2.91
顺义区	980	3	404.7	0.413	9.90
昌平区	1430	4	5630.9	3.938	2.41
大兴县	1012	6	289.1	0.286	2.29
平谷县	1075	2	683.1	0.635	2.84
怀柔县	2557.3	4	3268.8	1.278	3.97
密云县	2335.6	4	1877.7	0.804	3.02
延庆县	1980	6	534.6	0.270	2.13

2016年北京各行政区域内大型公园及人均GDP统计表　　　　表4-7

	土地面积（km²）	大型公园数量（个）	大型公园面积（hm²）	大型公园密度（hm²/km²）	人均GDP（万元）
东城区	41.84	9	347.2	8.298	23.51
西城区	50.7	7	250.9	4.949	28.82
朝阳区	470.8	36	2642.6	5.613	13.39
丰台区	304.2	24	1254.7	4.125	5.75
石景山区	81.8	10	650	7.946	7.56
海淀区	426	29	3160.6	7.419	14.44
门头沟区	1331.3	10	5191.9	3.900	5.30
房山区	1866.7	12	23484	12.580	6.00
通州区	870	1	108.8	0.125	4.94
顺义区	980	5	517.8	0.528	16.25
昌平区	1430	7	5738.4	4.013	3.82
大兴县	1012	9	626	0.619	11.65
平谷县	1075	4	767.2	0.714	5.30
怀柔县	2557.3	7	12379	4.841	6.92
密云县	2335.6	5	1932.6	0.827	5.38
延庆县	1980	7	896.4	0.453	3.96

（人均GDP数据资料来源：《2010年北京统计年鉴》，《2016年北京统计年鉴》。）

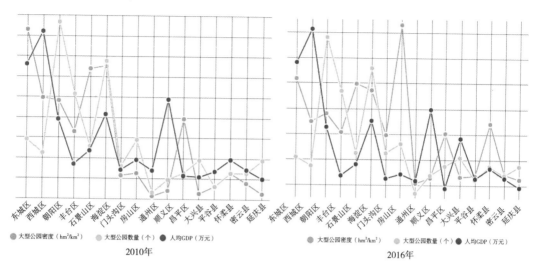

图4-5　各时期北京各行政区域内大型公园及人均GDP对比图示
（图片来源：自绘）

通过统计数据和对比图示（图4-5），可以总结如下规律：

（1）整体上看，中心城区的人均GDP最高，近郊区其次，远郊区最低，大型公园的分布也与这种规律相符合。

（2）中心城区中，人均GDP西城区要高于东城区，但是大型公园的数量却是东城区高于西城区，呈现出负相关的现象。

（3）近郊区的四个区中，人均GDP排名为海淀区＞朝阳区＞石景山区＞丰台区，这四个区对应的大型公园的数量及面积排序如下，数量排序：朝阳区＞海淀区＞丰台区＞石景山区；面积排序：海淀区＞石景山区＞朝阳区＞丰台区。与上文大型公园与人口关系一样，去除石景山区，另外三个区的大型公园的分布可以近似看作和人均GDP呈正比。

（4）中心城区及近郊区中，大型公园的数量及面积排序在2010年与2016年保持在相似的状态，但是在远郊区中，大型公园的数量和面积排序有了较大的改变。2010年内远郊区各区人均GDP排序如下：顺义区＞怀柔区＞房山区＞密云县＞门头沟区＞通州区＞平谷区＞昌平区＞大兴区＞延庆区；大型公园数量排序：房山区＞延庆区＞大兴区＞门头沟区＞昌平区、密云县、怀柔县＞顺义区＞平谷县＞通州区。对比可以发现，2010年大型公园的数量与各区人均GDP的多少并没有直接关系。2016年各区公园的数量变化较大，将2016年内远郊区各区人均GDP排序如下：顺义区＞大兴区＞怀柔区＞房山区＞密云县＞门头沟区、平谷县＞通州区＞延庆区＞昌平区。大型公园数量排序如下：房山区＞门头沟区＞大兴区＞怀柔区、延庆区、昌平区＞顺义区＞密云县＞平谷区＞通州区。对比可以发现，虽然2010~2016年，北京远郊区内各区人均GDP及大型公园数量变化较大，但是大型公园的分布与人均GDP均无直接关系。

　　通过2010年和2016年北京大型公园的数据及人均GDP数据对比可以发现，北京大型公园的分布与人均GDP有一定的关系，但这种关联性并不强，并不是导致大型公园分布的直接因素与主导因素。

　　同时，通过API抓取高德地图上北京所有的城市公园绿地，对比城市公园和人均GDP的关系，得到图4-6。可以发现，当把研究范围从大型公园扩大到北京市所有的公园上来，经济发展水平与公园建设情况呈正比。人均GDP是衡量经济发展水平的重要数据。通过图4-6可以看出，人均GDP较高的行政区如中心城区及近郊区，这几个区的人均GDP远高于其他行政区，同样大型公园密度也较高。人均GDP较低的昌平区、顺义区，公园建设也处于较低的程度。出现这种情况的主要原因是：当经济水平达到一定程度后，人们就开始追寻更高的生活水平，对于公园的需求量也就相应提高了。同时，公园的建设及后期维护也需要经济支持，所以整体上而言经济水平越高的区域公园建设的情况也就越好[23]。但是由于大型公园受到的影响因素远多于中小型公园绿地，形成机制较为复杂，所以经济因素对于大型公园的影响相对于中小型公园减弱了很多。

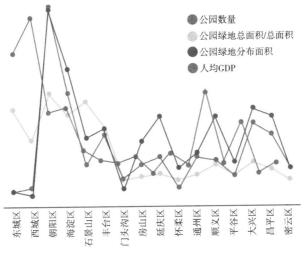

图4-6　北京各行政区域内公园绿地与人均GDP对比图示
（图片来源：自绘）

4.3　互补与冲突——交通基础设施因素

　　大型公园的空间格局研究不止是对各时期大型公园的分布特征进行研究，还要对大型公园与其周边基础设施的关系进行研究。本书利用高德地图的API抓取出北京市域范围内的POI数据，将其进行分类处理，提取出公交车站、地铁站以及停车场等交通基础设施的信息点，并利用ArcGIS软件对重复信息进行去除，得到交通基础设施POI数据。在此基础上结合国家基础地理信息的1:250000公开版北京路网DLG数据，对北京大型公园与交通基础设施空间分布的关联性进行研究。

4.3.1 北京大型公园外围区域交通基础设施量化对比研究

通过抓取的POI数据可以发现，北京交通基础设施的分布密度随着与城中心的距离增大而降低（表4-8）。为了更直观地反映变化情况，引入城市路网结构分区，利用ArcGIS软件对比各个区域的公交车站及地铁站的分布数量及分布密度可以发现，各项交通基础设施主要分布在四环以内，四环内各项交通基础设施分布得较为平均，密度较高。到了四环外，均有大幅度的降低，到六环外降到最低。这主要和各区域的人口数量有关（图4-7）。

各区域交通基础设施量化研究　　　　　　　　　　　表4-8

	公交车站数量（个）	地铁站数量（个）	停车场数量（个）	区域面积（km²）	公交车站密度（个/km²）	地铁站密度（个/km²）	停车场密度（个/km²）
二环内	367	38	793	63	5.83	0.6	12.59
二环至三环	458	44	1599	96	4.77	0.46	16.67
三环至四环	726	70	1703	143	5.08	0.49	11.9
四环至五环	1074	41	1494	366	2.93	0.11	4.08
五环至六环	3660	83	1017	1601	2.29	0.05	0.64
六环外	6557	11	671	14149	0.46	0.0007	0.047

（资料来源：自绘）

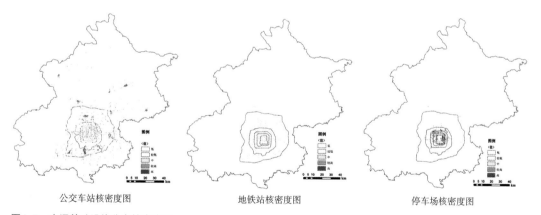

公交车站核密度图　　　　　　　　地铁站核密度图　　　　　　　　停车场核密度图

图4-7　交通基础设施分布核密度图
（图片来源：自绘）

利用ArcGIS软件中的缓冲区分析工具在大型公园周边分别形成500m、1000m和1500m的缓冲区，量化统计各缓冲区内的基础设施分布密度，并将其与基础设施的平均分布密度进行对比研究，通过对比各个分区内的各项交通基础设施的平均密度值，对大型公园外围的交通服务能力进行量化研究分析。

分别将三项交通基础设施（公交车站、地铁站以及停车场）在各个区域内的平均分布密度和在大型公园500m缓冲区内、1000m缓冲区内以及1500m缓冲区内的平均分布密度进行对比，可以得到以下结论：

（1）对比公交车站的平均分布密度和在大型公园周边缓冲区内的分布密度可以发现（表4-9）：距离大型公园500m范围适宜人步行可达距离内的公交车站平均密度值变化最大。二环内、三环至四环内、五环到六环内以及六环外这几个区域，大型公园周边500m缓冲区内公交车站平均密度最高，但在二环至三环内以及四环到五环内的区域内大型公园周边500m缓冲区内的公交车站的平均密度却又是最低的。综合来看，大型公园周边500m缓冲区内公交车站的分布相对于整体而言较为集中；距离大型公园1000m范围内适宜骑车到达，公交车站平均密度值变化较为稳定，且一直处于一个较高的程度；距离大型公园周边1500m，不适合直接步行，域内的公交车站平均密度值与整体公交车站的平均密度值较为接近，且变化波动也相似，整体数值小于500m及1000m缓冲区内的数值。通过公交车站在大型公园外围的分布情况可以看出，大型公园的建设的确对公交车站的建设起到促进的作用。

（2）对比地铁站的平均分布密度和在大型公园周边缓冲区内的分布密度可以发现（表4-10），除了以下两种情况：在二环内，公园周边500m缓冲区内地铁平均密度较低；在二环至三环内，公园周边500m和1000m缓冲区内地铁平均密度值较高，公园各个缓冲区内地铁站的平均分布密度和整体分布密度较为相似，整体上数值并没有太大的变化。所以，大型公园对于地铁站的建设并未起到明显的促进作用。这主要是由于地铁站的建造难度及成本较高，数量较少，总共只有200多个，并且分布很均匀，每相邻两个地铁站之间的距离为1km左右。总体而言，地铁站的建设由于受到多种因素的共同影响，大型公园的建设对于地铁的建设影响较小。

（3）对比停车场的平均分布密度和在大型公园周边缓冲区内的分布密度可以发现（表4-11），除了在二环内，停车场的平均分布密度高于公园周边缓冲区的平均密度以外，其余区域停车场的平均分布密度均低于大型公园缓冲内的分布密度，尤其是在五环外大型公园分布较为集中的区域。大型公园缓冲区内的停车场分布密度约是平均分布密度的4倍左右。通过停车场在大型公园外围的分布情况可以看出，停车场设施能够满足大型公园的使用需求。

（4）各项交通基础设施在大型公园各个缓冲区内的分布特征和它们在空间上的分布特征相似（图4-8）。在四环内分布密度较大，且分布较为均匀；四环外，分布密度呈阶梯状下降；六环外，各项基础设施在大型公园缓冲区内的平均分布密度均低至1%以下。同时通过量化对比数据可以发现，大型公园周边各项基础设施的分布密度和区域内的平均分布密度相比都有所提高，其中五环内大型公园缓冲区内的交通基础设施分布密度较平均分布密度增加不多，五环外去除受大型公园建设影响较小的地铁站，大型公园缓冲区内的交通基础设施分布密度虽然较低，但较平均分布密度增加较多，可以达到2~4倍。这主要是由于大型公园主要分布在五环外，且五环外其他能够影响交通基础设施分布的因素较少，这就导致了大型公园对基础设施的影响尤为突出。

北京大型公园外围公交车站分布量化研究　　　　　　　表4-9

	二环内	二环至三环	三环至四环	四环至五环	五环至六环	六环外
数量（个）	367	458	726	1074	3660	6557
区域面积（km²）	62.90	96.21	143.23	365.91	1600.97	14148.63
平均密度（个/km²）	5.83	4.76	5.07	2.94	2.29	0.46
500m缓冲区数量（个）	91	73	134	214	277	279
500m缓冲区面积（km²）	14.70	16.69	22.41	81.70	98.19	310.51
500m平均密度（个/km²）	6.19	4.37	5.98	2.62	2.82	0.90
1000m缓冲区数量（个）	174	217	278	499	593	530
1000m缓冲区面积（km²）	28.25	42.47	47.39	173.94	223.82	667.06
1000m平均密度（个/km²）	6.16	5.11	5.87	2.87	2.65	0.79
1500m缓冲区数量（个）	252	340	400	785	993	865
1500m缓冲区面积（km²）	41.75	66.13	72.37	254.50	362.16	1079.15
1500m平均密度（个/km²）	6.04	5.14	5.53	3.08	2.74	0.80

（资料来源：自绘）

北京大型公园外围地铁站分布量化研究　　　　　　　表4-10

	二环内	二环至三环	三环至四环	四环至五环	五环至六环	六环外
数量（个）	38	44	70	41	83	11
区域面积（km²）	62.90	96.21	143.23	365.91	1600.97	14148.63
平均密度（个/km²）	0.60	0.46	0.49	0.11	0.05	0.0008
500m缓冲区数量（个）	7	12	14	12	3	0
500m缓冲区面积（km²）	14.70	16.69	22.41	81.70	98.19	310.51
500m平均密度（个/km²）	0.48	0.72	0.62	0.15	0.03	0.00
1000m缓冲区数量（个）	17	30	25	25	12	1
1000m缓冲区面积（km²）	28.25	42.47	47.39	173.94	223.82	667.06
1000m平均密度（个/km²）	0.60	0.71	0.53	0.14	0.05	0.0015
1500m缓冲区数量（个）	26	32	38	34	23	3
1500m缓冲区面积（km²）	41.75	66.13	72.37	254.50	362.16	1079.15
1500m平均密度（个/km²）	0.62	0.48	0.53	0.13	0.06	0.0028

（资料来源：自绘）

北京大型公园外围停车场分布量化研究　　　　　　表4-11

	二环内	二环至三环	三环至四环	四环至五环	五环至六环	六环外
数量（个）	793	1599	1703	1494	1017	671
区域面积（km²）	62.90	96.21	143.23	365.91	1600.97	14148.63
平均密度（个/km²）	12.61	16.62	11.89	4.08	0.64	0.05
500m缓冲区数量（个）	137	279	300	264	145	81
500m缓冲区面积（km²）	14.70	16.69	22.41	81.70	98.19	310.51
500m平均密度（个/km²）	9.32	16.72	13.39	3.23	1.48	0.26
1000m缓冲区数量（个）	277	798	607	696	304	142
1000m缓冲区面积（km²）	28.25	42.47	47.39	173.94	223.82	667.06
1000m平均密度（个/km²）	9.81	18.79	12.81	4.00	1.36	0.21
1500m缓冲区数量（个）	494	1216	950	1161	481	205
1500m缓冲区面积（km²）	41.75	66.13	72.37	254.50	362.16	1079.15
1500m平均密度（个/km²）	11.83	18.39	13.13	4.56	1.33	0.19

（资料来源：自绘）

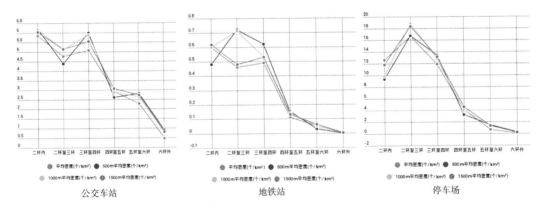

公交车站　　　　　　　　　　地铁站　　　　　　　　　　停车场

图4-8　北京大型公园外围交通基础设施量化研究
（图片来源：自绘）

　　基于ArcGIS平台对交通基础设施的分布特征进行量化处理研究可以发现，交通基础设施主要分布在四环以内，同时大型公园的建设对交通基础设施的建设有促进作用，主要体现在公交车站及停车场的建设上，对地铁站的影响较小。这种促进作用在五环外体现得更为明显。

4.3.2 北京大型公园与交通网络空间分布的耦合关系

通过上述的分析可发现，大型公园的建设对于交通基础设施的建设有推进作用，交通基础设施对于大型公园的反作用并未得到很好的体现。本节主要利用ArcGIS软件针对北京大型公园和交通网络的耦合关系进行量化对比研究。

（1）利用上文提到的核密度分析法，对北京路网、道路交叉点和大型公园进行密度分析（图4-9、图4-10）。将大型城市公园的矢量数据与北京交通网路密度分布图、交通网络交叉点密度分布图相叠合，可以发现交通网络以及交叉点分布情况对大型城市公园的格局产生了较大影响。尤其在中心城区的范围内，交通网络与大型公园的交叠明显，交叉点密度较高的区域，大型城市公园分布也比较多。这种交叠的情况在五环与六环之间最为显著。由此可见，路网结构对大型城市公园的影响较为明显。通过宏观意义上的密度分析证明北京大型公园分布与北京路网有一定的关联性。

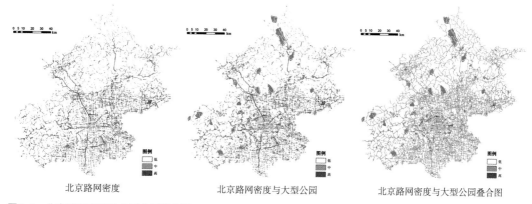

北京路网密度　　　　北京路网密度与大型公园　　　　北京路网密度与大型公园叠合图

图4-9 北京路网密度及大型公园叠合图
（图片来源：自绘）

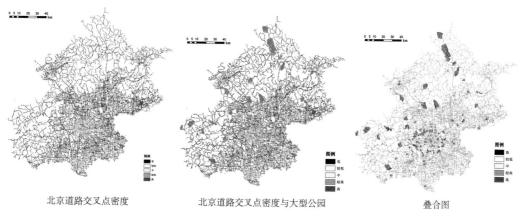

北京道路交叉点密度　　　　北京道路交叉点密度与大型公园　　　　叠合图

图4-10 北京道路交叉点密度及大型公园叠合图
（图片来源：自绘）

（2）利用ArcGIS软件中的缓冲区分析工具在大型公园周边分别形成500m、1000m和1500m的缓冲区。量化统计各缓冲区内交通路网的分布密度，将其与交通路网的平均分布密度进行对比研究。通过对比各个分区内各项交通基础设施的平均密度值，对大型公园与交通路网的关联性进行量化统计研究分析。

对比交通路网的平均分布密度和在大型公园周边缓冲区内的分布密度可以发现（表4-12）：交通路网平均密度、大型公园外围500m缓冲区内交通路网密度、大型公园外围1000m缓冲区内交通路网密度以及大型公园外围1500m缓冲区内交通路网密度的变化趋势相同。在二环至六环间分布密度稍有起伏波动，但整体趋势都是随着城市中心向外围扩展，各环路内路网密度逐渐下降，在各环路区域中，路网密度随着和大型公园距离的增加而降低。大型公园外围500m缓冲区内路网密度最高，其次为1000m缓冲区内，均高于路网平均密度，这说明大型公园的建设与路网建设之间有着明显的关联性，并且这种关联性要强于大型公园与周边基础设施的关联性。

对比交通路网交叉点的平均分布密度和在大型公园周边缓冲区内的分布密度可以发现（表4-13）：和交通路网情况相似，交通路网交叉点的分布密度也是在二环至六环间稍有起伏波动，但整体趋势都是随着城市中心向外围扩展，各环路内路网密度逐渐下降。这种趋势不论是整体分布情况还是在大型公园外围都是一样。区别于交通路网特点的是，交通路网密度随着与大型公园距离的增加而降低，但路网交叉点在大型公园外围500m缓冲区内的分布密度略高于平均分布密度，处于相似的状态。在大型公园周边1000m缓冲区和1500m缓冲区内，路网交叉点密度有了很大幅度的增高，约是平均值的3~5倍。通过数据的量化处理证明了大型公园外围1.5km以内的区域正是部分北京路网交叉点出现的高频区域。

通过对交通路网及交通路网交叉点的量化处理，可以明显地看出大型公园与交通网络的空间分布存在较大关联性，这种关联性要高于大型公园与交通基础设施的空间分布关联性。大型公园外围缓冲区内的交通路网密度及交通路网交叉点密度均远高于区域路网平均密度，通过宏观层面的量化分析证明了大型公园的建设和交通路网建设具有较大的关联性（图4-11）。

北京大型公园外围交通路网分布量化研究						表4-12
	二环内	二环至三环	三环至四环	四环至五环	五环至六环	六环外
路网长度（km）	132.71	162.50	242.46	590.55	2678.17	14544.71
区域面积（km²）	62.90	96.21	143.23	365.91	1600.97	14148.63
平均密度（km/km²）	2.11	1.69	1.69	1.61	1.67	1.03
500m缓冲区路网长度（km）	34.84	33.12	44.30	136.85	175.10	322.70
500m缓冲区面积（km²）	14.70	16.69	22.41	81.70	98.19	310.51
500m平均密度（km/km²）	2.37	1.98	1.98	1.68	1.78	1.04

续表

	二环内	二环至三环	三环至四环	四环至五环	五环至六环	六环外
1000m缓冲区路网长度（km）	60.75	72.51	90.14	279.95	386.14	700.47
1000m缓冲区面积（km²）	28.25	42.47	47.39	173.94	223.82	667.06
1000m平均密度（km/km²）	2.15	1.71	1.90	1.61	1.73	1.05
1500m缓冲区路网长度（km）	92.92	110.88	134.65	411.63	615.63	1179.27
1500m缓冲区面积（km²）	41.75	66.13	72.37	254.50	362.16	1079.15
1500m平均密度（km/km²）	2.23	1.68	1.86	1.62	1.70	1.09

（资料来源：自绘）

北京大型公园外围交通交叉点分布量化研究　　　　　表4-13

道路交叉点	二环内	二环至三环	三环至四环	四环至五环	五环至六环	六环外
数量（个）	105	107	137	449	2859	12069
区域面积（km²）	62.90	96.21	143.23	365.91	1600.97	14148.63
平均密度（个/km²）	1.67	1.11	0.96	1.23	1.79	0.85
500m缓冲区数量（个）	33	19	26	110	179	230
500m缓冲区面积（km²）	14.70	16.69	22.41	81.70	98.19	310.51
500m平均密度（个/km²）	2.24	1.14	1.16	1.35	1.82	0.74
1000m缓冲区数量（个）	167	154	187	686	1104	1428
1000m缓冲区面积（km²）	28.25	42.47	47.39	173.94	223.82	667.06
1000m平均密度（个/km²）	5.91	3.63	3.95	3.94	4.93	2.14
1500m缓冲区数量（个）	252	235	283	948	1639	2483
1500m缓冲区面积（km²）	41.75	66.13	72.37	254.50	362.16	1079.15
1500m平均密度（个/km²）	6.04	3.55	3.91	3.72	4.53	2.30

（资料来源：自绘）

4.3.3　北京大型公园与交通路网的关联模式

　　通过宏观层面的密度分析及大数据的量化处理证明了大型公园与交通网络的空间分布存在较大关联性。从微观层面上，通过研究大型公园边界形态与主干交通网络的关联模式，来探讨大型公园与路网的关系。通过对现阶段148个大型公园，以及公园周边2km范围内的交通路网的关联模式进行研究总结，可以将大型公园与主干交通网络的关联模式分为以下几种：

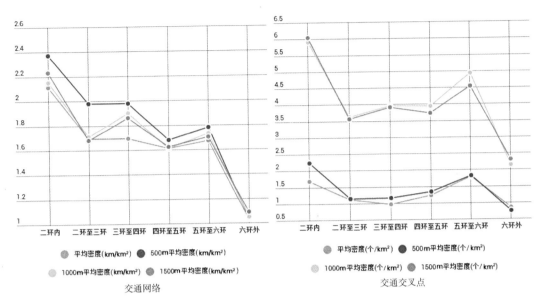

交通网络

交通交叉点

图4-11 北京大型公园外围分布交通量化研究
（图片来源：自绘）

（1）相交。主要包括：相交穿越、相交以及部分相交的情况。这种模式下大型公园的便利性较好，但是会造成公园破碎度高、景观格局连续性差的问题。

（2）相隔。主要包括：平行相隔、围合以及不相交（即路网与大型公园并无关联）的情况。这种模式下，大型公园的便利性较差，但是公园的完整度高，与自然景观格局能够较好融合。

（3）混合模式。主要包括：平行相隔且相交与相交穿越且平行相隔两种情况。这种模式下大型公园的便利性较好，且破碎情况较低。

通过ArcGIS平台，结合分布区域及公园类型，对北京大型公园与主干交通网络的关联模式进行量化处理研究，得到以下数据（表4-14、表4-15），通过数据分析可以发现：

（1）在北京大型公园与主干交通网络的关联模式中，平行相隔的比例最高，约占了50%。相交的比例最低，只有2个。大型公园的边界与公园路网平行，一方面有利于增加公园的可达性，另一方面也对公园的形态形成了限制，尤其是围合型模式和相隔模式中体现得更明显。这两种模式的出现说明交通路网和大型公园边界形态有着较为紧密的联系。在先有交通路网情况下，交通路网框定了大型公园的基本形态；在先有大型公园的情况下，交通路网由于要避让大型公园，从而影响了交通路网的走向，所以通过微观层面上的量化分析更明确了交通路网和大型公园相互影响的关联性。

（2）引入城市路网结构，对比距北京城市中心不同距离的情况下各种模式的分布状况。通过表4-14可以发现，二环内的大型公园主要是相隔模式，这主要与四环内公园建设较早，公园面积普遍较小有关。路网建设时绕开大型公园，形成了相隔的模式。四环外其他模式的数量增加，到了六环外可以发现相交模式和混合模式的数量达到最多，这主要是由于六环外公园面积过大，且路网密度较低，为了增加大型公园的可达性，道路只能从中穿过。

（3）结合公园的类型分析，发现历史文化名园以相隔模式最多，这主要是由于历史文化名园建设较早，文化价值较高，建设道路时只能选择避开这些公园。与之相对应的是现代城市公园，这类公园建设时间较晚，城市路网格局已经形成，从而限制了公园的形态，这也是大型公园和交通网络关联性的体现。生态公园中以相交模式和混合模式较多，主要是由于公园面积较大的缘故。这也从侧面反映出了当公园面积过大，交通路网对于大型公园的限制作用大大降低，大型公园对于路网的反作用增大。

通过利用ArcGIS平台量化研究大型公园边界形态与主干交通网络的关联模式（图4-12），从微观层面上探讨大型公园与路网的关系，发现交通路网和大型公园之间的关联性较为密切。这种关联性在面积较小的大型公园、历史名园以及现代公园上体现得更为明显。通过对量化处理的数据分析，可以发现大型公园和交通路网是相互影响的，交通路网在某些情况下会框定大型公园。结合大型公园的形态分析，可以发现北京大型公园形态中团状形态占绝大部分，这也与北京横平竖直的方格形路网有关（图4-13）。同时，一些已建成的大型公园也会影响路网的走向。

北京大型公园与主干交通网络的各关联模式统计表　　　　　　表4-14

	相交		相隔			混合	
	相交穿越	相交	平行相隔	围合	不相交	平行相隔且相交	相交穿越且平行相隔
总数量	22	1	72	19	17	1	16
二环内数量	0	0	3	5	0	0	1
二环至三环数量	0	0	5	1	0	0	2
三环至四环数量	1	0	6	2	0	0	2
四环至五环数量	4	0	23	3	6	0	4
五环至六环数量	6	0	22	6	5	0	3
六环外数量	12	1	16	4	6	1	9

（资料来源：自绘）

北京大型公园与主干交通网络的各关联模式统计表　　　　　　表4-15

	相交		相隔			混合	
	相交穿越	相交	平行相隔	围合	不相交	平行相隔且相交	相交穿越且平行相隔
总数量	22	1	72	19	17	1	16
历史名园数量	3	0	9	6	0	0	1

续表

	相交		相隔			混合	
	相交穿越	相交	平行相隔	围合	不相交	平行相隔 且相交	相交穿越 且平行相隔
现代城市公园数量	1	0	2	2	1	0	3
文化主题公园数量	1	0	3	1	1	0	0
区域公园数量	2	0	12	4	3	0	3
道路及滨河公园数量	2	0	2	0	0	0	0
生态公园数量	13	1	40	6	11	1	9
农业观光园数量	0	0	4	0	1	0	0

（资料来源：自绘）

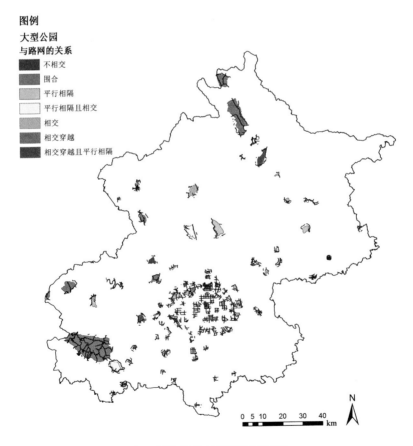

图4-12　北京大型公园与主干交通网络的各关联模式分布图
（图片来源：自绘）

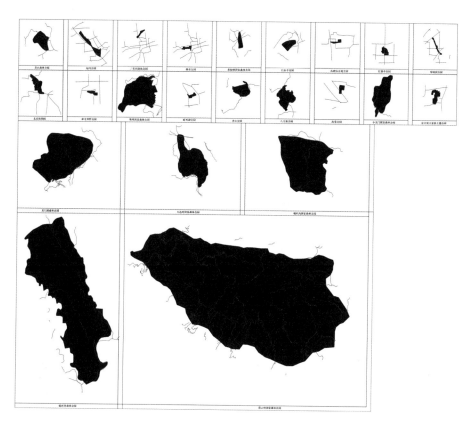

相交穿越

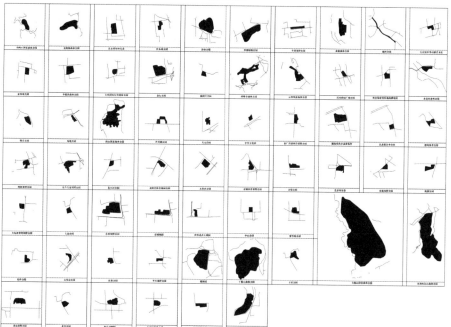

平行相隔

图4-13 北京大型公园与主干交通网络的各关联模式图

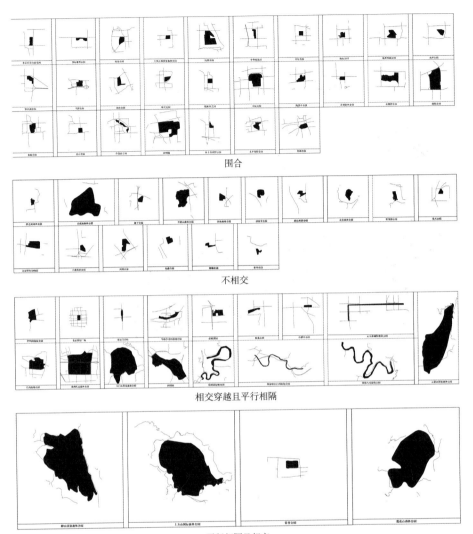

围合

不相交

相交穿越且平行相隔

平行相隔且相交

图4-13 北京大型公园与主干交通网络的各关联模式图（续）

从宏观层面上和微观层面上的量化分析研究均可以证明，北京大型公园与路网空间具有相互影响的耦合关系。从宏观层面上看，大型公园外围缓冲区内的交通路网密度、交通路网交叉点密度均远高于其平均密度；从微观层面上而言，路网会对大型公园形成框定，使大型公园形成固定形态，北京大型公园多为团状形态也与此有关。同时一些已建成的大型公园也会影响路网的走向。

4.4 发展的骨架——北京城市建制及规划

大型公园作为绿地系统中的主要组成部分，受到多方面的影响。其中北京城市建设对大型公园空间格局起到了关键性的作用。大型公园作为城市的一部分，与北京的城市规划相协调，作为城市发展的重要组成部分，影响着城市规划建设，同时也在城市规划的大框架内有序发展。

4.4.1 中华人民共和国成立前北京城市建制的影响

由于北京有800多年的建都史，所以和其他城市相比，北京拥有众多皇家园林。这批皇家园林在中华人民共和国成立后逐渐向公众开放，成为现阶段北京大型公园的重要组成部分。这类公园逐渐演变为现代的历史名园，主要分布在东城区、西城区以及位于北京西郊的海淀和石景山区。

《中国园林史》将北京的皇家园林分为以下三类：大内御苑、离宫御苑和行宫御园。东城区及西城区的大型公园主要由大内御苑及离宫御园演变而来，如北海公园、景山公园等；海淀区及石景山区的大型公园主要由离宫御苑和行宫御苑演变而来，北京西郊一代行宫御苑的总称就是著名的"三山五园"。结合北京公园的发展过程来看，1995年前北京公园刚刚得到大力发展，北京的大型公园以开放的皇家园林为主，这也就解释了为何在1995年以前，大型公园在东城区、西城区、海淀区及石景山区的分布密度最大——由北京独特的历史性所决定的。

近代以来北京中心城区内的大型公园多聚集在北京中轴线周边，沿着北京城市中轴线分布，有着明显的中轴对称特点。北京在明清时期城市建制的过程中已经形成了一条长达7.8km的城市中轴线，沿着这条中轴线规划建设北京城，形成现如今北京中心城区中轴对称的空间格局。北京大型公园在中心城区也是沿着南北方向的中轴线分布，这是由于在明清时期建设城市中轴线的同时，也建设了一条与其相平行的自然绿色空间轴线序列。这条轴线就是著名的六海水系。这两条轴线共同形成了北京中心城区独特的双轴空间格局[51]。由于中心城区内的大型公园是城市自然园林空间轴线序列的重要组成部分，所以中心城区的大型公园多沿中轴线分布。虽然北京大型公园发展到现阶段，轴线的方向已经由南北方向转变为东北—西南轴线方向，但是中心城区南北中轴对称的格局一直有所延续，一直到现阶段北京大型公园在中心城区的分布依旧体现出明显的中轴对称的分布特征。

4.4.2 中华人民共和国成立后北京城市规划的影响

北京城市建设和发展对北京大型公园空间格局也产生了重大的影响，中华人民共和国成立后，北京的城市发展经历了以下几个阶段：

（1）1958~1965年

这一时期的规划理念吸纳了"田园城市"和"卫星城"建设的理念。首先将北京的人口数量初步定在一千万左右，在北京市域范围以内建设卫星城镇，由城六区和卫星城镇共同构成北京子母城的城市格局。同时扩大北京城区范围，在城区规划建设中使用"分散集团式"的理念，形成北京城区的整体空间格局。虽然该时期吸收了国外先进的规划理念，但是由于仍处于中华人民共和国成立初期，城市建设还处于刚刚起步的状态。卫星城市建设较为散乱，虽然整体数量较大，但平均规模较小，并且没有形成系统性。整体而言，该时期的北京城市规划仍在摸索中，建设较为缓慢。

（2）1966~1978年

这一时期的北京规划是一个过渡性质的规划，是北京城市发展从20世纪50年代的"大城市主义""大工业城市"向20世纪80年代控制城市规模和"不一定建设经济中心"转型的过渡期。

（3）1979~2003年

这一时期的城市建设继承了20世纪80年代的"卫星城"和"分散集团式"规划理念，以及城市总体规划的基本方针。相对于20世纪80年代，这个时期的城市规划已经形成了包括市区、卫星城、中心城镇以及一般建制镇的城市体系布局。20世纪90年代后，北京城市规划进入大发展时期。这一时期，市区的空间构架和功能格局基本形成，城市的主要功能区基本构建起来，城市道路系统和对外交通网络初步建成，城市路网进一步完善了20世纪50年代提出的道路网体系。

（4）2004年~现阶段

从2004年的"两轴—两带—两中心"到后来发展成为"两轴—两带—多中心"，再到现阶段《北京城市总体规划（2016~2035年）》中提出的"一核（首都功能核心区）一主（东城、西城、朝阳、海淀、丰台及石景山在内的中心城区）一副（通州副中心），两轴（中轴线及其延长线/长安街及其延长线）多点（顺义、大兴、亦庄、昌平和房山新区）一区（生态涵养区）"的北京城市空间结构。北京的城市规划越来越趋向于成熟（图4-14）。

进入21世纪后，北京城市化步伐加快。城八区建成区面积快速扩张，由2000年的425.35km²增长到现阶段的近1000km²（表4-16）。

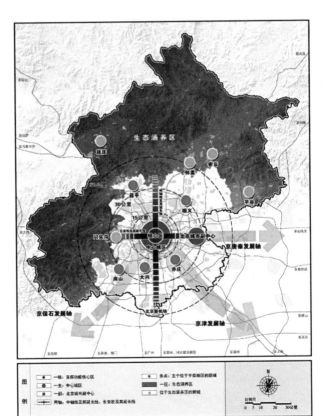

图4-14 2016~2035年北京市域空间结构规划图
［图片来源：《北京城市总体规划（2016~2035年）》］

2000~2015年北京建设用地指标　　　　　　　　表4-16

	建成区（km²）	城六区建设用地（km²）
2000	488	425
2005	1182	861
2010	1350	914
2015	1401	964

（资料来源：《北京统计年鉴》）

通过对1949年后至今北京城市规划的总结归纳，对比大型公园的演变可以发现：

（1）现阶段的北京是在明清时期的基础上建立而成的。明清时期北京城建设了一条长达7.8km的城市中轴线，城市建制都是沿着这条中轴线展开的。中华人民共和国成立后，虽然学习了国外先进的城市规划理念，但是不论任何时期提出的城市规划都坚定不移地维护了中心城区中轴对称的格局。这也形成了现如今中心城区的大型公园有着明显中轴对称的分布格局。

（2）北京吸收国外优秀的城市规划理念，最终形成现阶段的"一核一主一副、两轴多点一区"城市空间结构。北京城市扩展方向也与这一空间结构相吻合。在总体规划的指导下，北京加大了对东部新城的建设，以及对东西、南北两轴及周边区域的大力发展，使得该时期北京城市主要沿着东、西以及北三个方向扩展[52]。对比2005年后北京大型公园的发展，可以发现这一时期北京大型公园的发展方向与这个时期城市扩展的方向大致相同，都是沿着是西、东、西北、东北这几个方向发展。北京城市空间发展方向的变化，直接导致了北京大型公园空间格局的变化，使其由单一核心向多核心的空间结构变化，由中心集聚向着跳跃式集聚变化[53]。

21世纪以来北京进入快速城市化的阶段，北京城市化的发展对北京大型公园的空间格局产生了较大影响。城市建成区面积随着城市化的发展不断变大，城中心的建筑密度也随之变大，直接限制了大型公园的发展，这也是中心城区大型公园数量及面积保持稳定的重要原因。城市近郊区建设用地面积相对于中心城区较少，用地较为宽松，这为新的大型公园建设提供了空间。20世纪以后，北京大型公园空间格局主要呈现出中心城区大型公园保持相对稳定的水平，城市近郊区大型公园数量及面积增长较快的特点。

同时为了抑制城市化的进一步蔓延，北京建设了两道绿化隔离带。绿化隔离带为城市提供了休憩空间和新鲜氧气，也被称之为"绿带"、"绿环"。同时，绿化隔离带也是抑制城市无限制蔓延扩展的重要手段。绿化隔离带的重要组成部分就是大型公园，为了抑制城市无序扩张，加速大型公园的建设。

（3）对比大型公园各时期在各行政区内的增长幅度可以发现，2005年后远郊区大型公园数量增加幅度较大。对比远郊区各个行政区的公园数量可以发现，增长幅度最大的区域就是城市规划中被划分为生态涵养区的几个行政区，这就说明城市规划会直接影响到大型公园的空间格局。

（4）北京城市路网结构是在北京城市空间格局的基础上形成的。北京城市路网是典型的混合式路网结构，为"环状反射+方格网络式"的混合式[54]。正是由于在北京城市总体规划的影响下，北京形成6道城市环路，将北京城市分割为6个圈层。在这种框架的基础上，公园结构也随之呈现出圈层式的空间结构，总体而言，大型公园的建设都是被控制在整体的城市规划之下。

（5）同时北京城市建设及城市的总体规划对北京大型公园发展的不均衡性有所影响，可以直接导致各类公园的差异性增长。由于北京独特的历史基底，导致北京的历史名园在2000年之前占据绝对主导地位。到了2000年后，由于北京城市化发展迅速，为了抑制城市化的进一步蔓延，北京通过加强对大型公园的建设来建立"公园环"。在这个过程中，着重开发大型公园的生态意义，导致现阶段北京的生态公园不论从数量上还是面积上都占据了绝对的优势，使得北京大型公园的体系不够健全。

4.5　最直接的影响——北京绿地系统规划

大型公园作为绿地系统中的主要组成部分，受到多方面的影响，其中最为直接的影响因素就是绿地系统的规划。北京绿地系统规划开始较晚，导致现阶段的绿地系统规划仍然不够成熟。

4.5.1　北京绿地系统规划发展历程

我国绿地系统规划理论主要经过以下三个时期的发展：

（1）20世纪中期"大地园林化"规划思想的建立标志着我国的绿地系统规划初步形成。但随后到来的"文化大革命"，又使得刚刚得以发展的绿地规划理念研究陷入停滞不前甚至倒退的阶段。至此与其他城市相比，北京绿地系统规划落后了将近半个世纪。

（2）20世纪70年代，我国绿地系统规划理念得到了发展，提出了城市绿化"连片成团，点线面相结合"的绿地系统规划方针。绿地系统规划之所以得到迅速发展，主要是由于这个时期掀起全世界范围内"环境运动"的热潮，绝大多数城市居民开始寻求舒适安全的城市环境。总体而言，这个时期是我国绿地系统规划迅速发展的时期。

（3）20世纪90年代以后，在"绿色城市"、"生态城市"建造工程兴起的大背景下，城市绿地系统的规划建设也逐渐得到重视。这个阶段已经不再是单纯地吸收国外的规划思想和理论，而是结合我国现状借鉴优秀的规划思想，提出适应我国发展的绿地系统规划理论。如该时期著名的"山水城市"概念就是在"绿色城市"的规划理论上结合北京现状，由钱学森先生倡导的。这个时期，我国城市公园建设已经进入新的历史阶段，城市绿地系统规划已经日渐成熟。

总体而言，从最开始的互不联系发展到现阶段城乡一体、多层次、多功能以及多类型的城市绿地系统[55]，我国的绿地系统规划理论得到了长足的发展。虽然与一些世界级城市之间还有差距，但总体而言已经愈渐成熟。北京绿地系统规划在最开始只是简单"点、线、面"的结合，还未能形成系统性的绿地格局。随着规划理论的发展，在北京城市空间格局特征、文化特征、城市居民的生活及生态需求的基础上，逐渐形成了"点、线、面、环、廊以及楔形绿地"相结合的北京城市绿地系统格局，至此北京城市绿地系统已经初步建立[55]。

4.5.2 北京绿地系统规划对于北京大型公园的影响

1995年后，在成熟规划理论的指导下，北京园林绿化工程得到了长足的发展。在2000年后北京经历了四个五年规划，一系列绿化政策在此期间被提出。这些政策都极大地促进了北京大型公园的建设，也影响了北京大型公园的整体空间格局。绿地系统规划对北京大型公园的影响主要包括以下几个方面：

（1）中华人民共和国成立后至21世纪初，借鉴国外的优秀理念，由梁思成先生提出了建设长安林荫道的建议。基于对理想街道形式的追求，梁思成提出北京街道设计的基本概念应当"将北京许多名胜古迹用一些河流和林荫大道把它们联系起来，成为一个绵延不断的公园系统"[56]。他认为城市街道应该建成林荫大道。而且，道路本身就是连续不断的带形公园[56]。这是中华人民共和国成立后第一次提出公园系统的概念，为之后北京绿道绿廊的建设提供了基础。之后在"大地园林化"的指导思想下，结合国外成熟的规划理论提出了在城八区推行"分散集团式"的布局形式。根据当时均匀分布绿地的原则充分利用山地和现有绿地系统，尽量利用不适于建筑的区域来建造公园和绿地。这些理念虽然还不够成熟，但是也为北京的公园系统打下基础，促进了公园的发展。

（2）2000~2010年，北京绿地发展经历了两个五年计划。北京政府针对北京绿化建设提出了一系列的政策。在方针政策的指导下，北京的绿化建设得到飞速发展，城市绿色基础设施建设得到较大改善，城市公园的建设也得到了较大发展。同时在两个五年计划期间，北京政府出台了《北京城市总体规划规划（2004~2020年）》，其中绿地系统规划部分从宏观层面上对绿地系统进行把控。该《规划》提出应当把北京市建设成为平原和山脉相连、拥有三道生态屏障、其间平原林地交叉分布、楔形绿地嵌入城市中间的半圈式山地自然空间格局结构，以及"点、线、面、环"相结合的绿地系统结构。之后的大型公园建设也是基于这个整体的绿地系统规划的基础上形成的。

两个五年计划期间，除了以上提出的总体方针政策外，北京市政府还推行了一系列的行动及方针。这些方针行动都推进了北京大型公园的建设。其中，对大型公园建设影响最大的就是"隔离绿化工程"和"公园环"方针政策。

北京的"隔离绿化工程"通常被认为是在1958年北京城市总体规划中被提出的，距今已有半个世纪[57]。1958年的北京总体规划方案提出要采取"分散集团式"的布局形式，并形成了北京最初的绿化隔离带。北京第一道绿化隔离带内的绿色空间如表4-17所示。主要分布在中心城区及其周边10个边缘区域之间。到2001年位于北京三环路与六环路之间的"第一道绿化隔离地区"建设工程启动。截止到2016年底，将绿色公园串联起来，一道面积高达128.08km²的绿环已经初步形成。2003年，位于五环路与六环路之间的第二道绿化隔离带的建设工程开始启动，绿化隔离带政策也因此得到了更为广泛的关注。北京绿化隔离带的建设使得2007年之后，北京城六区的郊野公园的建设得到大力发展，出现了一批新的大型郊野公园。

第一道绿化隔离带内绿地空间构成比例变化（％）   表4-17

数据来源	用地类型						绿地比例报告值	绿色空间比例
	建设用地	农田	水域	林地	灌草地	其他用地		
1994年京政发 ［1994］7号文件	33.3	54.2	4.2	8.3	—	—	8.3	66.7
1998年规划市区绿化隔离地区调查报告	49.1	25.6	2.9	15.8	—	6.6	15.8	44.3
2005年TM遥感影像	49.0	8.0	1.0	18.0	20.0	4.0	18~38	47.0

（资料来源：《北京市环城绿化隔离带生态规划》[58]）

"公园环"是随着北京绿化隔离区工程开展后，为了进一步满足市民的休闲需求，并且更为充分发挥绿化隔离区的综合效益而建设的。在《北京城市总体规划（2004~2020年）》提出了建设"公园环"的方针策略，要在第一道和第二道绿化隔离之间开始"公园环"建设工程。这一方针策略一直到2007年才正式启动。根据《北京市绿化隔离地区总体规划》[60]中的规定："'公园环'将由郊野公园、市域公园、区域公园三级公园构成，在条件具备的地段用公园路将若干个公园进行串联，形成公园群。""公园环"的建设直接导致了2010年后北京大型公园的数量得到迅猛发展。该时期的北京"公园环"建设主要集中于第一道、第二道北京绿化隔离区之间，也就是四环到五环之间。这也是大型公园在四环到五环内密度较大的原因。由此可以看出，北京"公园环"的建设直接促进了北京大型公园的建设。同时在《北京城市总体规划（2016~2035年）》中提出，要建设三道"公园环"：一道绿隔城市公园环、二道绿隔郊野公园环、环首都森林湿地公园环[38]。根据这个规划，可以预见北京大型公园的面积及数量会得到进一步的提高，体系也会更加完善。

（3）"十二五"期间，通过对比大型公园的变化情况可以发现自从北京市绿地系统规划颁布后，北京大型公园以每年增长10个的速度快速增长。这也证明了在宏观层面上的绿地系统规划对于大型公园的建设有着决定性的影响。"十二五"期间，北京政府基于总体规划的基础，制定了一系列诸如"三个园林"、"百万亩造林工程"等绿化行动方针。在这一系列方针策略的指导下必将推进北京绿化工作的进程，推动北京大型公园的建设，使得北京大型公园的数量和面积继续得到增长，并且在整体规划的骨架下推动北京大型公园的分布更为合理。

"三个园林"行动计划指的是"生态园林、科技园林、人文园林"。计划主要包括以下内容：通过对等待征用的绿地进行拆迁重建，增加城市绿地率；重点在城市道路两侧和远郊区进行大规模的绿地建设；加快立体绿化、城市老旧居民区和城市停车绿地的建设；大力推进城市生态廊道的建设；加快绿化隔离区的提升工程和"公园环"的建立。总体而言，"三个园林"政策作为"十二五"期间北京政府针对北京城市绿化提出的第一个重大方针行动，对北京城市的绿化环境提高有较大的影响，同时也推进了北京城市公园的建造。

"百万亩造林工程"是2012年通过的[61]。这项工程计划使用5年，在北京平原区域植树100万亩，旨在将平原地区的森林覆盖率提高到25%以上。这项工程希望通过在平原地区建造林地的手段，达到提高北京绿地质量、调节北京生态环境、建立绿色生态廊道、满足居民的游憩需要、宣传北京古都的绿色文化、保护北京的农田、建立系统性的农田林网、营造城市与森林相互交融、搭建城市绿色慢行系统的目的。整体来看，通过百万亩造林工程的实施已经在平原地区形成了"两环、三带、多廊、多组团"的绿色空间结构。通过在平原地区植树造林，增加了北京的森林覆盖率，改善了北京的生态环境。同时百万亩造林工程的选址多是适合建设大型公园的重点区域。在改善环境的同时，百万亩造林工程也为大型公园的建设提供了很好的自然条件和场所，加快了北京大型公园的建设。

（4）"十二五"末期，北京全市林地的面积达到1622万亩，森林面积达到1101万亩，全市绿地面积同比提高了1.85万hm²，达到8.02万hm²，人均公园面积由15m²提高到16m²。"十三五"期间，北京政府根据北京城市现状，颁布了新一轮的城市总体规划，计划新增城市绿地面积2300hm²。《北京城市总体规划（2016~2035年）》是在原有的绿色空间结构的基础上，加以完善形成的，有望形成"一屏、三环、五河、九楔"的北京绿地生态布局。2016~2035年的北京城市总体规划继续强调了对"公园环"的打造，"公园环"内的公园多为面积超过20hm²的大型公园，这次的总体规划势必会对大型公园的建设起到极大的推动作用。同时，"十三五"期间还有一系列的行动及方针推动北京大型公园的建设[63]。经过"百万亩造林工程"的建设，平原地区森林覆盖率已经高达30%。"十三五"期间，北京拟利用平原区域的森林资源，通过增加基础设施等来建设郊野森林公园30余处，同时结合农村的环境整治，大力推进"美丽乡村"的建造，加强乡镇公园的建造力度。提升整个平原地区及周边村镇的森林服务功能和人居环境。

"十三五"期间加强了对湿地系统的维护，通过打造湿地公园，满足市民的多种需求，在房山、大兴、通州新建湿地3000hm²，围绕北京、天津过渡带区域大力恢复重建湿地，在永定河、潮白河以及重要水库周边区域恢复湿地8000hm²。到了2020年有望使得北京全市湿地量达到5.44万hm²。这些绿地系统规划层面的相关政策措施必将与大型公园的建设相结合，进一步促进和谐宜居之都的建设。

4.6 限制与突破——重大历史事件

重大的历史事件对大型公园的空间格局演变有着重要意义。通过对1995年后北京发生的重大历史事件总结归纳可以发现，自2001年申奥成功后，从筹办到举办共耗时8年的北京奥运会，是近20年以来北京重要历史事件之一。奥运会对于北京大型公园建设最直接的影响就是在奥运会筹办期间建设了奥林匹克森林公园。公园总面积约为581hm²，是北京六环以内面积最大的公园。奥林匹克森林公园的建设不仅改善了当地的生态环境，而且连接了北京近郊区绿地和北京中心城区绿地，使得北京绿化中轴线得以延续。奥林匹克森林公园也是北京绿化系统中轴线的北部端点。

北京于2001年申奥成功，为了迎接奥运会的举办以及加快北京绿色城市发展的进程，2005年后，北京政府对城市绿地格局做出了很大的调整，主要着重于加强可持续发展的观念，充分发挥城市绿色空间的生态作用，这次调整为北京日后建设"绿色城市"，实现可持续发展奠定了基础。2008年北京奥运会以"办绿色奥运、建生态城市"为目标。基于这个目标，北京实施了"五河十路"的北京绿色廊道建设。这项建设工程主要就是沿着"五河十路"建设带状公园、郊野公园等，在周边区域范围内形成完整的绿地系统网络。在工程开展期间，北京城六区内的城市公园有了大幅度的增加，其中不乏一些大型公园。

从申奥成功到奥运会结束，北京共建设大型城市绿地160多个，小型绿地700多个。期间根据北京园林局记载，新增城市公园达到178个；社区绿地建设加快共增加700多块，屋顶绿化增加了100hm²；城市主要道路和河道周边线性绿地绿化率达到100%，铁路周边增加了近120km长的绿地；同时北京市域范围内森林覆盖率增加到51.6%。奥运会期间一共建设成功了三道绿色屏障和两道绿地隔离区，绿化面积新增了约13000hm²，并在隔离区内新建了15个郊野公园。奥运会的举办不仅在城六区内形成了完善的绿地系统格局，也对北京大型公园空间格局产生了一定的影响。一方面，奥运会的举办促进了北京大型公园的建设，使得该时期北京大型公园的数量和面积都有了极大的提高；另一方面，奥运会期间的大型公园建设多集中于北部，直接加大了北京大型公园分布的不均衡性。

通过总结北京奥运会对大型公园的影响可以发现，城市的重大历史事件会对大型公园的分布产生直接影响，但这种影响具有局限性，只存在于某个区域或某个时间段，并不是影响大型公园空间格局最为重要且直接的因素。

4.7 积极的反馈——大型公园对城市的影响

城市化进程的背景下，大型公园在城市中能够发挥的作用越来越大。大型公园可以为使用者提供室外娱乐休闲空间，在城市中发挥着改善生态环境、美化城市环境、防灾避险以及发扬文化等多种作用[64]。作为城市绿地系统不可或缺的部分，大型公园在改善城市人居生态环境、促进城市经济发展以及满足人们日常休闲活动等方面都有着重要的意义。

4.7.1　生态作用

相比于中小型公园，大型公园在改善城市生态环境方面能够发挥更重要的作用。也正是由于大型公园无可替代的生态功能，也增加了城市建设者对于大型公园的重视程度。在各时期的城市整体规划中都将大型公园的建设作为重要发展策略，力争打造出北京城市公园环。

大型公园在城市建设的过程中，为城市提供了大规模的绿地面积。大型公园由于自身绿地面积较大，可以被视为一个独立的生态系统，是城市生态系统的重要组成部分。大型公园本身的稳定性，也会促使城市生态系统向着更为合理与稳定的方向演变。通过大型公园与其他城市绿地相连，建立起连续的生态绿廊和绿道系统，最终构建起"基质+廊道+斑块"的生态结构。这个生态结构的建立对于改善北京生态环境、增加北京的物种多样性都有着极为重要的意义。

通过研究发现，北京市市区范围内主要公园的园内地表温度28.91℃，低于北京市五环内平均地表温度30.67℃。说明公园对于降低城市温度有着重要意义[65]。北京城市园林的绿化效益主要包括：（1）碳氧平衡，城市园林中大面积的植物可以通过光合作用发挥释氧固碳的功能，既可以在总量上宏观调节和改善城市的碳氧平衡，又可以就地缓解或消除局部缺氧，起到改善局部地区空气质量的作用；（2）蒸腾吸热，通过植物的蒸腾吸热功能，能够缓解城市的热岛和干岛效应，带来提高居民的健康水平、提高生活舒适度和生活质量的效益；（3）减菌效益，在城市的环境条件下，园林植被能够通过其枝叶的吸滞、过滤作用减少粉尘从而减少城市空气中的细菌含量；（4）减污效应，园林植物在其生命活动的过程中，主要通过呼吸作用对许多有毒气体进行吸收，将有毒气体转变为无毒的物质，从而在一定程度上起到净化环境的作用；（5）滞尘效应，园林植被通过树木降低风速而起到减尘作用，通过其枝叶对粉尘的截留和吸附作用，从而实现滞尘效应[66]。大型公园的建设，不仅可以提高公园内部的生态环境，同时对公园周边的生态环境也有一定的提升作用。作为城市中宝贵的绿色资源，大型公园在维持碳氧平衡、改善热岛效应、增加空气负离子浓度、减污效应以及降低噪音等方面都有着明显的作用。

综合而言，大型公园作为城市绿地系统中不可或缺的部分，凭借着自身大面积的绿色空间和丰富的植物群落，形成一个稳定的生态系统。这个生态系统的建立对于改善城市生态环境具有十分重要的价值。

4.7.2　社会作用

纵观国内外大型公园的选址,不再是单纯地位于规划郊区的边角位置,更多是选在待开发的城市新区,有些甚至位于城市新区的中心区域。选择这样的布局方式的主要原因,就是希望利用大型公园来带动城市新区的发展。由此可见,大型公园的存在并不只满足社会使用需求,也会反作用于社会的发展与繁荣。

通过对各个时期大型公园的变化进行统计分析,发现大型公园多位于城市的边缘区域,尤其是近些年,大型公园的建设多集中于六环以外。这样的布局方式虽然可以使得城市的绿地指标得以达标,但是也会直接导致大型公园在各个行政区分布不均的情况出现。大型公园分布不均匀也会限制城市生态系统的构建,但随着近些年对于大型公园产生的巨大社会效益的了解,城市规划中逐渐开始把大型公园置于较为重要的位置。出现了大型公园位于规划的中心区域,围绕大型公园布局商业区、行政办公区、文化娱乐区的情况。大型公园对于提高城市居民的幸福指数、提高北京城市的影响力、宣传北京文化等具有重要的影响。环绕大型公园周边科学布局区块,能够充分地发挥大型公园的综合效益。

同时作为城市绿地系统的重要组成部分,大型公园在一定程度上能够解决北京城市化在城市空间层面产生的问题,譬如大型公园能够柔化城市地块的边界[35]。在密集分布的商业用地或者居住用地之间,大型公园的存在能够使地块生硬的边界转换得较为柔和,空间结构也能够得以舒展。同时也可以使人们在压抑的生活工作空间中能够找到得以放松的场所。

纵观国外的大型公园发展,以著名的纽约中央公园规划为例,围绕着中央公园整体形成了连续长宽比近1:3的长方形街廓,每个地块的拥有者都可以欣赏到纽约中央公园的景观。纽约整体上已经形成以中央公园为中心,富有景观层次感的城市景观。正是因为纽约中央公园的建立,公园周边土地的价值也得到了最大的体现。以至于纽约公园管理委员会主席都将中央公园看作纽约城市成败的关键因素。

北京缺少类似于纽约中央公园这种位于整个城市规划中心,对于城市规划起到重要影响的公园。随着公园体系的发展,已开始逐步重视大型公园的社会作用。近期建设的大型公园中,也有部分大型公园位于区域的中心,带动周边区域共同发展。以南海子公园为例,公园地处北京市大兴区,在北京中轴线南部延长线上,是北京南城复兴计划率先启动的标志[74]。南海子公园建设时期正好赶上大兴区迎来良好的发展机遇,在大兴区"三城、三带、一轴、多点、网络化"的城市总体规划指导下,南海子公园位于"三城"的中心,是大兴区重点发展的区域。伴随北京城市中轴线向南发展的趋势,以南海子公园为中心联合周边区域优势,必将变成以绿色为主的复合型综合体。南海子公园的建设带动周边土地的升值,提升周边产业的价值,加大周边区域的开发力度。同时周边产业的发展反过来也将促使公园的进一步发展,从而使得以南海子公园为中心的复合型绿色综合体得以发展,带动大兴区的整体发展。现阶段南海子公园以大兴周边的农业观光园为基础，已经逐步形成以休闲度假、农业观光为主题的综合性公园。南海子公园在提升周边区域价值、带动周边区域发展、打造城市复合型绿色综合体以及彰显北京的城市文化、提高该区域的综合影响力有较为重要的作用，是新时期大型公园建设的典范。

4.7.3 经济作用

大型公园在发挥生态作用及社会作用的同时，也会带动周边区域经济的发展，发挥重要的经济作用。大型公园的建设完成后会直接带动周边旅游业的发展，尤其是一些主题性质的游乐园，以及风景名胜区，如八达岭森林公园、天坛公园、北海公园等。这些大型公园的建立一方面通过征收门票增加政府经济收入，另一方面通过带动旅游业的发展，直接带动周边居民的就业，增加居民收入。

通过对大型公园周边房价的调查，可以发现大型公园建设后，公园周边房价有了明显的提升。以奥林匹克公园森林公园为例，奥林匹克森林公园北部区域，距离公园900m范围内，随着距离公园的距离增加，每增加100m，房价下降10%；西部区域，距离公园1200m范围内，随着距离公园的距离增加，每增加100m，房价下降3.62%。东南区域，距离公园2000m的范围内，距离每增加100m，房价下降1.3%[75]。通过这些数据可以发现，大型公园对于周边地价有着明显影响，这主要是由于大型公园的建设会促进周边交通基础设施的建立，同时大型公园作为重要的公共空间可以为周边居民提供功能效用，这种效用随着与大型公园距离的增加而降低。综合而言，大型公园作为城市重要的公共空间，对于城市空间布局、土地利用规划有着重大的意义。

第5章

优化的发展

——北京大型公园空间发展
主要问题及优化意见

针对北京自1995年起，20多年来的大型公园发展演变情况进行量化统计分析可以发现，北京大型公园的数量和面积有了较大的提高，尤其是在近10年的时间里，提升速度较快，在多种机制的共同作用下，布局也趋于合理。但北京现阶段大型公园空间格局仍存在一些问题，主要包括：大型公园数量较少，分布不均匀以及尚未形成完善的体系等。本章内容在前文分析的基础上，结合国外优秀案例，对北京大型公园空间发展存在的主要问题进行总结分析，并针对这些问题提出优化改造意见。

5.1 特大城市大型公园空间格局对比研究

选取国外特大城市的代表性大型公园与北京大型公园进行对比，借鉴国外优秀案例经验，针对性地提出发展策略建议。

在对纽约、伦敦以及北京的大型公园发展建设进行归纳总结的基础上，从两个视角进行对比研究。

（1）对比大型公园对于城市的推动作用：选取纽约中央公园与北京奥林匹克森林公园进行对比。

（2）对比具有历史名园性质的大型公园对于城市及绿地系统规划的作用：选取伦敦海德公园与北京北海公园进行对比。

5.1.1 大型公园对城市推动作用对比研究

选取纽约中央公园与北京奥林匹克森林公园这两个能够代表新时期城市名片，对城市具有重大社会作用的大型公园进行对比。通过对中央公园的分析研究，借鉴优秀经验，为北京大型公园发展建设提供借鉴。

1. 区域层面上两座大型公园空间特征对比研究

通过两座大型公园区位图及周边5000m范围以内空间格局对比研究，可以明显看出，同样是可以作为城市名片的大型公园，纽约中央公园位于纽约核心区曼哈顿的中心区域，也就是位于城市的正中心。但是奥林匹克森林公园位于近郊区朝阳北部，在北京北五环边，是北京城市中轴线的北部端点。通过对两座大型公园的规模对比，可以发现两座公园的占地面积相似，纽约中央公园周边绿地较少，用地较为密集。相对而言，奥林匹克森林公园周边仍以大块公园绿地为主，用地性质较中央公园而言较为单薄，服务的使用者也较少。

纽约中央公园作为美国历史上第一个真正意义上的现代大型城市公园，在纽约人的日常生活中占据着重要的地位，同时它也对纽约城市的发展建设也起到了重要影响。

（1）中央公园的建立加速了曼哈顿城区的转型，对整个曼哈顿区起到了重大的影响。在寸土寸金的曼哈顿区，政府从城市核心地带征用了八百多英亩的土地建造城市公园，此举直接影响了曼哈顿地区的地产市场，加快了纽约的区域划分。曼哈顿下城区作为城市中心区的地位得到进一步提升，向高度专业化的美国资本总部的转变进程进一步加速；曼哈顿上城区的地产也因为中央公园的建立得到了急速的升值，城市景观也得到了重塑[76]。

（2）同时纽约中央公园的建立，直接推动了19世纪后半期美国城市公园运动的迅速兴起。由于中央公园极大地提升了周边的地产价值，并且在一定程度上改善了纽约的声誉。这一巨大成功直接推动了包括费城、波士顿以及底特律在内的美国其他城市建设自己的"中央公园"。奥姆斯特德在中央公园成功建立后，进一步提出了要在城市中建立起一个由众多规模不等，功能多样化以及均衡分布的公园所构成的体系，也就是后来的公园体系。可以说中央公园的成功建立，激起了建设公园的热情，并为美国城市公园运动的发展培养了一批经验丰富的设计师，进一步推动了美国城市规划运动的兴起和蓬勃发展。

对比纽约中央公园，北京奥林匹克森林公园对于北京城市的推动作用也较为明显。北京奥林匹克森林公园是为了迎接2008年北京奥运会所建造的。奥林匹克森林公园的建造对于北京城市发展具有较为重要的作用，首先，在北京公园发展的历史过程中，奥运会的举办以及北京奥林匹克森林公园的建立是一个重要节点。在这个节点以后，北京大型公园得到了飞速发展，公园的生态功能得到了广泛认识。其次，奥林匹克森林公园的建立也在一定程度上带动了周边土地的价值，带来了巨大的经济收益。最后，作为一个森林公园，也对周边区域的生态改善起到了较大的作用。但是奥林匹克森林公园并未对北京的城市格局及城市区域划分起到任何影响，虽然它对周边土地价值有提高的作用，但也是一定范围内的影响，并没有像中央公园那样，能够直接影响北京的地产市场，带动朝阳区乃至北京市的土地价值。这与北京和纽约的城市规模差异及大型公园建设年代的背景差异都有较大关联（图5-1）。

通过对比这两座大型公园可以发现，在北京城市规划中，仍然没有将城市公园置于重要的地位，没有能够像纽约中央公园那样，以公园为中心，围绕着公园周边合理布局区块，利用大型公

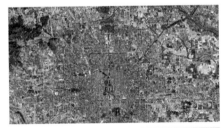

图5-1 纽约中央公园及北京奥林匹克森林公园区位图
（资料来源：自绘）

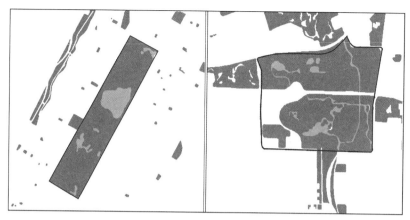

图5-2　纽约中央公园及北京奥林匹克森林公园空间格局对比图示

园带动周边发展，充分发挥大型公园的综合效益。大型公园的建设也没有能够对北京的城市规划起到影响作用。纵观北京现阶段建设的大型公园，也未有类似中央公园这种对纽约城市意义重大的公园（图5-2）。

2. 街区层面上两座大型公园对比研究

首先，对两座大型公园周边的路网进行对比分析（图5-3）。通过在大型公园周边生成1km的缓冲区，对比缓冲区内的路网，可以发现中央公园的路网密度远远大于奥林匹克森林公园，约为奥林匹克森林公园的2.5倍。这与两座公园所在的区位有一定的关系，纽约中央公园位于曼哈顿主城，城市路网密度本身就比较高；再对比两座大型公园周边的道路交叉口，可以看出，在两

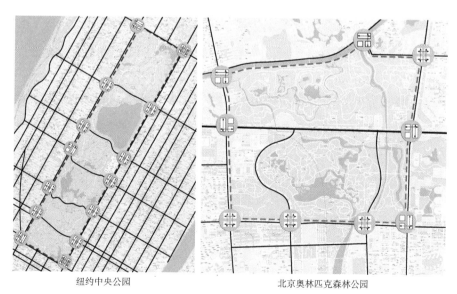

纽约中央公园　　　　　　　　　　　北京奥林匹克森林公园

图5-3　两座公园周边路网及交叉口示意图
（资料来源：自绘）

座公园面积相似的情况下，纽约中央公园周边的道路交叉口数量远远多于奥林匹克森林公园，综合城市路网密度（表5-1），可以很明显地看出前者的可达性远远好于后者，周边使用者可以更方便地进入公园内部（图5-4）。

纽约中央公园及北京奥林匹克森林公园周边路网密度　　　　　　　表5-1

	1000m缓冲区面积（km²）	路网长度（km）	路网密度
纽约中央公园	22.6	118.6	5.25
北京奥林匹克森林公园	21.1	45.4	2.15

（资料来源：自绘）

纽约中央公园

北京奥林匹克森林公园

图5-4　两座公园应对城市路网的不同处理方式
（资料来源：百度）

　　同时更为重要的是，在研究大型公园与城市路网的耦合作用时已经分析过，北京奥林匹克森林公园属于相交穿越的类型，尤其是北京五环路从公园内部穿过，虽然一定程度上增加了公园的可达性，对周边路网的影响降到了最低，但更多的是增加了公园的破碎度。城市直接将公园分为四个部分，各部分间只利用为数不多的廊桥相连接，不仅降低了奥林匹克森林公园的游览体验，更破坏了森林公园生态系统的稳定，降低了公园所能发挥的生态作用。在与城市路网相互影响的方面，奥林匹克森林公园做得远远不够。中央公园和奥林匹克森林公园都属于先有路网后有公园的情况，与城市路网都是相交穿越的关系，并且中央公园周边的路网密度及道路交叉口的数量都远多于奥林匹克森林公园，但是纽约中央公园在处理与城市路网的关系上，值得借鉴与学习。在纽约中央公园的建设过程中，城市道路穿公园而过，将城市道路变为公园的内部道路，既不影响周边交通路网，又没有破坏公园的整体性。可以说，纽约中央公园是解决在城市道路优先存在的情况下建设大型公园，协调公园和周边路网的关系最为出色的案例之一。

　　纽约中央公园能与周边路网形成协调的关系，一个重要原因是公园周边采用开放性的边界。奥林匹克森林公园虽然也是免费对游客开放，但是在公园周边还是设置了闭合型的边界，设置了

纽约中央公园　　　　　　　　　　　　　北京奥林匹克森林公园

图5-5　两座公园不同边界处理方式
（资料来源：百度）

大面积的栏杆围挡（图5-5）。闭合型边界虽然在一定程度上可以加强对公园的规范管理，屏蔽街道外围的噪声、灰尘等干扰，降低周边环境对于公园的破坏。但更多情况下，开放性公园可以便于使用者进入，更好地和周边路网产生关联。所以针对免费对公众开放的大型公园，可以学习纽约中央公园的设计手法，考虑放弃传统的利用栏杆围挡的设计手法，改用地形结合丰富景观元素（如植物材料、景观小品等）来塑造公园边界。既能降低周边环境对于公园内部的影响，又能在公园周边形成良好的边界空间，与周围环境相契合。

对比两座公园周边的土地利用情况可以发现，在距离两座公园步行可达的范围内都分布有一定的公共服务设施，大型公园与这些公共设施一起带动周边土地价值的提升，带动周边经济的发展（图5-6）。

纽约中央公园附近街区有大量的美术馆、博物馆、图书馆等公共文化机构，这些众多的机构与纽约中央公园以及周边的商业相互补充，实现不同时段、不同人群的多功能混合使用，提升整个街区的活力与吸引力，使之成为纽约公共生活的一个中心。奥林匹克森林公园周边也有一定的公共基础设施，紧邻奥体中心，与周边各种体育设施相结合，使周边整个街区成为城市的健身活动中心。但是和中央公园对比，奥林匹克森林公园周边土地功能单一，以体育健身为主，未能形成以奥森为中心的复合型绿色综合体。

3. 总结

通过对纽约中央公园与北京奥林匹克森林公园进行对比分析，可以发现，虽然奥林匹克森林公园是北京新时期城市公园的典型代表，甚至是北京城市公园发展过程中的一个重要节点，但是和中央公园对比仍然存在一些不足之处。在对城市的推进作用中远不如中央公园，奥林匹克森林公园的规划建设仍是单方面地服从于北京城市规划，并未对城市规划有任何反向的促进作用。同时在街区层面对比两座大型公园，可以发现在处理与周边道路的关系，以及围绕着大型公园的公共服务设施的建设上，奥林匹克森林公园也远不如纽约中央公园。

纽约中央公园　　　　　　　　　　　　北京奥林匹克森林公园

图5-6　纽约中央公园及北京奥林匹克森林公园周边公共设施示意图
（资料来源：自绘）

　　大型公园的空间布局及建设，不应当只是单纯地考虑公园的生态作用及为人民服务的作用，更应该注重大型公园所能够发挥的城市布局作用。不应只是简单地为了满足政府规定的绿化率建设城市公园，将城市公园放置于规划区的边角位置。更应该利用大型公园形成新时期的绿色综合体，带动周边的规划，带动建设公共服务设施，充分发挥公园的经济社会价值。同时，处理好公园与周边路网的关系。北京城市路网已经成形，再建设大型公园时能够对城市路网产生的反作用就比较小了，所以更应当在不影响城市交通路网的情况下，降低路网对于大型公园的影响。对开放性大型公园进行设计时，不应设置单一的完全闭合式的边界模式，需要结合公园的实际情况，利用地形结合景观元素来构建大型公园边界，并尽可能地抑制边缘负效应的出现。

5.1.2　历史名园对城市及绿地系统发展的作用对比研究

　　选取伦敦海德公园与北京北海公园这两个历史悠久、能够代表城市文化底蕴的大型公园，对比这两者在新时期如何对城市发展发挥新作用。通过对伦敦海德公园的分析研究，吸取优秀经验，为北京大型公园建设管理提供借鉴。

1.　两座大型公园建立对于城市的意义

通过大型公园区位图分析，可以明显看出，伦敦海德肯辛顿公园和北京北海公园均位于城市的中心区。通过对两座大型公园的规模，可以发现海德肯辛顿公园的面积是北海公园的近2倍，海德公园周边大块的公共绿地面积远多于北海公园（图5-7、图5-8）。这两座公园都是历史悠久的名园，在新时期转变成为城市公园后，都对城市的绿地格局有一定影响。

英国在19世纪中叶率先建设城市公园，并影响了欧洲许多国家。此后，城市公园不断涌现，逐步有了一定的规模和数量，开始形成城市公园群。这些公园群是公园系统的雏形，它们影响着城市空间的发展。海德肯辛顿公园就是伦敦的摄政公园群中最重要的一个公园，深刻影响了伦敦市的结构发展。

由于我国的绿地系统规划及城市公园建设发展较晚，北海公园的建立及开放并未有类似海德公园这样的全世界范围内的影响，但是北海公园作为城市公园的开放仍对北京有重要影响。侯仁之先生曾提到："北京城是举世闻名的历史古城，而北海公园最初的开辟，还要比现在北京城的建址更早一些。因为北京早期的城址并不在这里，只是由于北海开辟为一处重要的风景区之后，北京才从原来的旧址迁移到这里来。所以严格地说，没有北海，也就没有现在的北京城。"[79]北海公园直接影响到北京城的选址（图5-9），在中华人民共和国成立后还未出现类似的大型公

图5-7　伦敦海德肯辛顿公园及北京北海公园区位图
（资料来源：自绘）

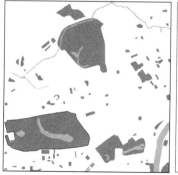

图5-8　伦敦海德肯辛顿公园及北京北海公园空间格局对比图示
（资料来源：自绘）

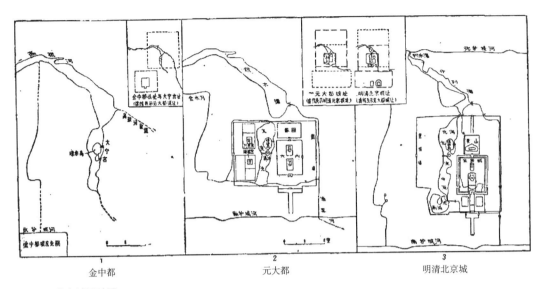

图5-9 北京城迁址图
（资料来源：《北海公园与北京城》）

园，足以见得北海公园对于北京城市的影响。北海的存在对于整个北京城尤其是公园周边环境具有非常显著的调节作用，同时北海还是深受北京市民喜爱的公园。作为历史名园，北海也是中外游客在北京首选的旅游地点，可以彰显北京的历史文化[80]。

综合而言，海德肯辛顿公园开创了现代城市公园群的先河，是典型的城市公园系统建设先例。海德公园的建立对伦敦，对英国乃至全世界都具有重要意义。相比而言，北海公园也对北京城市有重大影响，但这种影响力只局限于在北京城市内，并没有扩延至全国。虽然这主要是由于伦敦绿地系统发展较早，能够给后期城市公园起到示范作用，但北海公园作为世界上建园最早的皇家御园，见证了北京的历史发展，是中国古典园林的瑰宝。但北海公园的设计却没有得到像海德肯辛顿公园那样大规模的发扬。

综合而言，海德公园开创了现代城市公园群的先河，是典型城市公园系统建设的先例。海德公园的建立对伦敦，对英国乃至全世界都具有重要意义。相比而言，北海公园也对北京城市有重大影响，但这种影响力只局限于在北京城市内，并没有扩延至全国。虽然这主要是由于伦敦绿地系统发展较早，能够给后期城市公园起到示范作用。但对比而言，北海公园作为世界上建园最早的皇家御园，见证了北京的历史发展，是中国古典园林的瑰宝。但北海公园的设计却没有得到像海德公园那样大规模的发扬。

2. 两座大型公园建立对于绿地系统发展的意义

首先，研究两座城市的绿地系统发展。上文已经对北京的绿地系统规划进行详细的探讨。而伦敦是最早进行绿地系统规划的城市，比北京的绿地系统规划提前了约一个世纪；到了1850年形成了世界上第一个城市公园群——摄政公园群；这个时期伦敦的城市公园群已经初具公园系统的雏形；1990年，提出开放空间系统的建设；1920~1930年，伦敦开始规划绿带，呈环状围绕伦敦城市区，这也是世界上第一条绿带；1940~1960年，提出了大伦敦地区整体的公园系统规划方案，在伦敦行政区周边形成了四个环状地带；1970~1990年，绿链规划思想提出；到了21世纪，东伦敦绿网建立起来。从伦敦的绿地系统规划可以发现，北京绿地系统规划较晚，现阶段的绿地系统规划仍然不够成熟。

对比两座大型公园在绿地系统规划中所起到的作用，海德肯辛顿公园是伦敦19世纪中叶形成的世界上第一个城市公园群——摄政公园群重要组成部分。摄政公园建造初期北端是摄政公园，南端是圣·詹姆斯公园和绿园，中间由摄政街串联。到了后期又与海德肯辛顿公园相连接，整个摄政公园群在不断生长和完善，已经成为伦敦城市发展的主要结构[81]（图5-10）。海德公园在整个摄政公园群中也起到不可或缺的作用。

公园绿地分级系统完整是伦敦绿地系统的一大重要特征，并对世界城市绿地规划具有示范性的重大意义。伦敦公园绿地根据规模、功能、服务半径、位置等将伦敦的城市公园分为六级

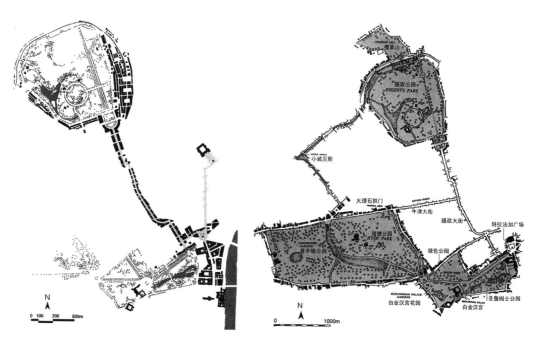

图5-10　摄政公园群
（资料来源:《伦敦城市构型、形成与发展》[82]）

（表5-2），按照分级标准，考察伦敦市民的绿地满意程度，判断各区域居民对于绿地的享有状态，再规划发展新的绿地，最终形成现阶段伦敦的绿色空间框架[81]（图5-11）。海德公园作为中心城区的大型公园，对伦敦绿地空间框架的构建有重要作用。

北海公园在北京市的绿地系统规划中也发挥了一定作用。上文在介绍北京城市发展中提到了，在北京建设城市中轴线的同时，也建设了一条与其相平行的自然空间轴线序列，也就是著名的六海体系。这两条轴线共同构成了北京中心城区独特的双轴空间格局。到了中华人民共和国成立后，梁思成先生提出了在"六海体系"的基础上，设计北京街道时，"应当将北京许多名胜古迹用一些河流和林荫大道把它们联系起来，使其成为一个绵延不断的公园系统"，这是北京首次提出公园系统的概念，其中北海公园是该体系中的重要组成部分。但是这一理念在当时并没有得到完全落实，最终在北京核心区形成完善的公园体系。

伦敦绿地的分析系统 表5-2

类型	面积（hm²）	服务半径（km）
区域性公园	>400	3.2~8
市级公园	>60	≥3.2
区级公园	>20	1.2
小区级公园	>2	0.4
小型公园	<2	<0.4
带状绿地	不确定	各处均适宜

（资料来源:《伦敦绿地发展特征分析》[83]）

3. 总结

通过对比伦敦海德公园与北京北海公园这两个历史悠久，位于城市中心区的大型公园可以发现，这两个大型公园在城市的绿地系统中都占有较为重要的地位，对城市和绿地系统的发展都有着重要的意义。但相比于海德肯辛顿公园而言，北海公园的开发建设以及北京公园建设还存在着一定的不足。首先海德肯辛顿公园作为伦敦城市公园群的重要组成部分，在设计和开发模式等方面都对后来的公园产生了较大影响，并且促进了城市公园的发展。在绿化系统方面，伦敦形成了完善的绿地分级系统和完善的绿色空间框架，海德肯辛顿公园作为中

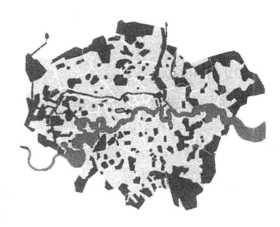

图5-11 伦敦绿地空间框架
（资料来源:《伦敦绿地发展特征分析》[83]）

心城区大型公园之一与摄政公园等共同构建了摄政公园群。相比而言，在绿地系统规划方面，北海公园及周边公园共同构成了著名的六海体系，后提出要利用林荫道将北海公园等历史名胜古迹串联起来，形成早期公园系统。但是这一设想并没有得到实现，所以伦敦在中心城区建立公园系统是一个很好的借鉴。

5.2 北京大型公园空间发展主要问题

5.2.1 大型公园总量不足

从ArcGIS平台对北京大型公园各个时期的数量统计分析，可以发现大型公园的总数量及面积均有了较大的提高，数量上从1995年的34个发展到现阶段的148个，面积也由1995年的37hm²发展到如今的603hm²，发展速度较快，但整体上而言，大型公园的总量仍然不足。国内外常用人均公园面积作为衡量公园总量的标准。对应《北京统计年鉴》中记载的常住人口数量，对各个时期北京大型公园人均公园面积进行统计（表5-3）。可以发现，虽然人均大型公园面积增长速度较快，到现阶段已经达到人均占有12m²，但对比国外特大城市的人均公园面积，北京的人均大型公园面积还远低于世界标准，有待提高。如表5-4所示，纽约和伦敦不论是大型公园的密度还是人均大型公园均远高于北京，尤其是伦敦，人均公园面积约是北京的2.5倍，故北京大型公园发展水平与世界其他特大城市相比还有一定距离。

各时期北京人均大型公园面积统计

表5-3

	常住人口数量（万人）	人均大型公园面积（m²/人）
2000	1102.8	3.35
2005	1107.5	3.7
2010	1538	3.78
2016	1961.2	12.31

（人口数据资料来源：《2000年、2005年、2010年、2016年北京统计年鉴》）

现阶段国内外特大城市人均大型公园面积统计

表5-4

	大型公园密度	人口数量（万人）	人均大型公园占有率（m²/人）
北京	0.036	2170.5	12.31
纽约	0.061	1980	14.4
伦敦	0.070	223	29.54

（纽约、伦敦数据来源：OpenStreetMap开放街道图）

5.2.2 大型公园布局不够合理

从ArcGIS平台对北京不同方位、不同距离上的大型公园分布格局量化统计分析结果可以发现，北京大型公园在空间上分布不均匀的情况较为明显。

按照45°扇形分区量化统计大型公园分布可以发现，自1995年后大型公园主要沿着北京东北部方位大幅度增加，其中东部以及东南部大型公园虽然在2005年后有了长足的发展，但是增长速度相比其他方位较低。东北部及西南部大型公园数量从1995年便高于其他方向，且增长速度也较快，与其相对应的东南部，该方位上大型公园数量本身就比较少，虽然增长速度有所提高，但整体而言数量较少。这就直接导致了大型公园在方位上分布的不均衡，现阶段大型公园主要集中于东北部及西南方位分布，东南部的大型公园分布最少。

按照北京城市路网结构量化统计分析大型公园的分布可以发现，北京大型公园的分布格局从最开始的局部集中于中心城区、整体上分散的分布特征，转变为分布核心由中心城区逐渐向外扩散形成多核心的分布特征；统计各时期大型公园的演变，四环内大型公园数量保持在一个相对稳定的状态，这主要是由于中心城区用地紧张，使得该区域内大型公园数量及面积变化不大，但是也正因如此随着四环内人口密度的增加，该区域内也会逐渐出现大型公园总量不足、分布不合理的情况；2005年以前大型公园的建设主要集中于五环至六环内，2005年以后，大型公园的发展重心集中于四环至五环内以及六环外的区域，这两个区域内的大型公园原本不多，但由于高速发展，已成为大型公园的分布重心。经过20多年的发展，北京大型公园分布格局不均衡的现象有所改善，不再集中于中心城区分布，远郊区的大型公园得到了一定发展，但是整体上看四环内大型公园的发展停滞不前，五环外的大型公园占五环外总面积的比例较小，大型公园的分布及演变仍存在不均衡的情况。同时，通过对比北京中小型公园和大型公园的分布模式来看，大型公园的平均最近邻指数远高于中小型公园，分布方向的椭圆长短轴比值低于中小型公园，分布的核心点远远少于中小型公园，各个方面都体现了北京大型公园空间分布的均衡度要远低于中小型公园，在空间格局方面大型公园的发展还需要加强均衡度的提升。

在大型公园空间格局分布的合理性方面，除了要分析区域内大型公园的密度，还要考虑为人提供使用服务的因素，所以大型公园的分布要与人口经济相适应，北京大型公园整体分布的合理性还要结合人口结构来分析。通过第4章中探讨北京大型公园演变机制中对人口经济和大型公园之间的关系分析，可以发现北京大型公园和北京人口经济之间的关系并没有特别紧密，如表5-5所示。按照大型公园密度来看中心城区及远郊区的大型公园密度均处于较高水平，但是中心城区及远郊区的人均大型公园占有率远低于27m²/人的标准。各区大型公园的分布与人口分布呈现反比的情况，这就从另外一个角度说明了北京大型公园分布的不均衡，即北京大型公园覆盖人口的合理性和有效性不足（图5-12）。

现阶段北京各行政区人均大型公园面积统计   表5-5

	土地面积（km²）	大型公园面积（hm²）	大型公园密度（hm²/km²）	常住人口（万人）	人均大型公园占有率（m²/人）
东城区	41.84	347.2	8.298	90.5	3.84
西城区	50.7	250.9	4.949	129.8	1.93
朝阳区	470.8	2642.6	5.613	395.5	6.68
丰台区	304.2	1254.7	4.125	232.4	5.40
石景山区	81.8	650	7.946	65.2	9.97
海淀区	426	3160.6	7.419	369.4	8.56
门头沟区	1331.3	5191.9	3.9	30.8	168.57
房山区	1866.7	23484	12.58	104.6	224.51
通州区	870	108.8	0.125	137.8	0.79
顺义区	980	517.8	0.528	102	5.08
昌平区	1430	5738.4	4.013	196.3	29.23
大兴县	1012	626	0.619	156.2	4.01
平谷县	1075	767.2	0.714	42.3	18.14
怀柔县	2557.3	12379	4.841	38.4	322.37
密云县	2335.6	1932.6	0.827	47.9	40.35
延庆县	1980	896.4	0.453	31.4	28.55

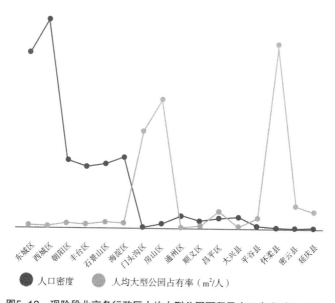

图5-12 现阶段北京各行政区人均大型公园面积及人口密度对比图示

5.2.3 大型公园体系不够健全

现阶段北京大型公园的体系建设还不够健全，主要体现在大型公园的功能和形态两个方面。

（1）大型公园功能分类的不均衡

北京大型公园主要由历史名园、现代城市公园、文化主题公园、区域公园、道路及滨河公园、生态公园和农业观光园七类组成，类型较为丰富。但是在北京大型公园所有类型中，区域公园和生态公园的数量和面积占据了决定性优势，70%的大型公园都为区域公园或生态公园，超过90%的大型公园面积是生态公园。这就导致了虽然北京大型公园类型较为丰富，但是分配极为不合理，且各类型公园分布也较为分散，未能达到均衡分布的效果。历史名园可以起到宣传北京历史文化的作用，但是通过上文的量化分析，由于历史公园的独特性，导致它主要分布在三环以内，其他区域有开发潜质的历史园林并未得到建设；区域公园主要起到为周边居民服务的功能，但数量不足、分布不均，主要分布在近郊区，未能考虑远郊区居民的日常使用，并且区域公园在各个时期发展的方向上明显可以看出西南部发展较为缓慢，应当加强这个方向上的区域公园建设；现代城市公园与文化主题公园可以起到宣传北京文化、提高北京城市影响力，但是此类公园的分布散乱且数量极少，并且分布方向极为不均衡，应当综合考虑加大对此类公园的建设力度，使其得到均衡发展。

总体而言，北京在建设大型公园时着重发挥了大型公园的生态意义，但是缺乏对大型公园社会作用以及满足人们日常使用需求的公园开发。大型公园具有带动城市新区发展的重要潜质，但是在北京大型公园的建设中，这个价值未能得到充分的发挥。从北京大型公园的功能来看，北京独特的历史文化造就了部分大型公园在满足居民日常休闲游憩功能的同时，还承担着国内外游客的参观游览功能，这会直接导致大型公园不堪重负，尤其对中心城区而言，中心城区大型公园以历史名园为主，且人口密度大，人均公园面积少，这使得大型公园为周边居民提供的空间及规模大大减少，面对这种矛盾，应充分考虑大型公园发展与中小型公园的有效结合。

（2）不同形态的大型公园数量及分布不均衡

由于北京方格式加放射状城市路网的结构，导致北京大型公园绝大部分都是以团状为主，对于发挥大型公园的生态作用有一定限制。指状形态的大型公园由于接触面积远大于团状公园，能发挥的生态性作用也较大。带状公园由于其特殊的形态，在承担公园一般功能外，还承担着城市生态廊道的职能，可以连接城市中的各个斑块，是构建城市公园体系的重要部分。北京大型公园的建设上，可以适当突破周边的路网结构特征，增加带状公园和指状公园的建设，更好地发挥大型公园的生态作用，同时增加公园的可达性。同时，路网在限定公园形态的情况下，部分路网会穿过大型公园，增加公园的破碎度，导致公园各部分间的联系减弱。

5.2.4　大型公园价值及作用未能得到充分的开发

（1）城市规划层面

通过北京奥林匹克森林公园和纽约中央公园的对比可以发现，北京在建设大型公园时，未充分考虑到大型公园在城市规划中的重要性，使得大型公园对公众的巨大吸引力没有充分发挥效力。由于忽略大型公园的价值，在对公园周边区块进行规划时缺乏相应的科学合理性。

同时北京作为五朝古都，拥有众多皇家园林，中华人民共和国成立后开放给公众，成为北京公园体系中较为重要的一部分。北京皇家园林见证了北京的历史发展，是北京历史的记载者，承载着北京的传统文化，拥有优秀的造园手法。但是在现阶段的公园规划建设中，独特的皇家园林造园手法没有得到宣传，现代城市公园设计也未能很好地宣扬北京的新时期文化。大型公园作为城市名片的作用没有得到很好的发挥，这也是未来设计大型公园中需要注意和改善的。

（2）绿地系统规划层面

北京绿地系统分级构建上，应借鉴国内外优秀经验。伦敦是最早开始城市绿地系统规划，并且也是发展最为成熟的城市。对比伦敦绿地系统的规划可以发现，伦敦通过绿地分级系统构建起完善的城市绿地空间框架，大型公园作为城市绿地系统中最为重要的一部分，对于城市绿地分级有重要的意义。应当通过对北京大型公园的功能、服务半径、位置等的合理规划，推动整个北京绿地分级系统的规划。北京中心城区历史遗留下来的重要景观空间序列是在中心城区形成城市公园群的良好历史基础，梁思成先生曾提出要利用林荫道和河流将北京名胜古迹串联起来形成一个完善的公园系统，但是并未得到实施，北京到现在也未能形成完善的公园系统。大型公园作为城市公园中最为重要的部分，也是公园体系的主体部分，应当通过合理规划，结合中小型公园，构建北京的公园体系。

5.3　北京大型公园空间发展优化措施

针对以上北京大型公园发展过程中的几方面问题分析，提出四方面优化改善措施。

（1）针对大型公园总量不足和功能分类不均衡的情况

应当进一步增加大型公园的数量及面积，尤其是东南方位的公园数量，使大型公园在外围区域的分布达到均衡，形成完整的郊野公园环。注重中心城区及近郊区的大型公园开发，以区域性公园为主，增加中心城区及近郊区居民人均公园面积，满足居民的日常使用需求；远郊区的大型公园建设以生态公园为主，辅以休闲、游憩性质的公园，完善公园体系的同时，优化大型公园空间布局的合理性。参考《北京市城市总体规划（2016~2035年）》中市域绿色空间结构规划图的三道"公园环"的规划，提出未来北京大型公园建设的区位与类型（图5-13）。

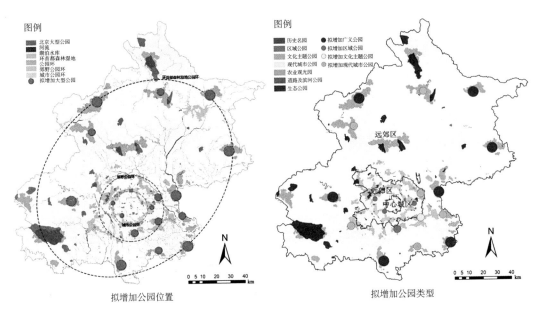

图例
北京大型公园
河流
湖泊水库
环首都森林湿地
公园环
郊野公园环
城市公园环
拟增加大型公园

拟增加公园位置

图例
历史名园 · 拟增加广义公园
区域公园 · 拟增加区域公园
文化主题公园 ○ 拟增加文化主题公园
现代城市公园 ◎ 拟增加现代城市公园
农业观光园
道路及滨河公园
生态公园

拟增加公园类型

图5-13　拟增加大型公园及类型构想图

在对历史名园及兼具旅游风景区的公园管理上，为了使其能够更好承担国内外游客的参观旅游及周边居民的日常休闲使用的双重功能，应当在开放时间（如固定时间只对周边居民开放）以及管理体制上（对周边居民的免费措施及对游客的限流措施）上进行优化处理。

（2）针对大型公园布局不够合理的情况

结合大型公园在绿地系统中的作用，通过和中小型公园的分布结合，使整个北京的城市公园分布更为合理，在保证公园生态作用的基础上，也能够满足使用者的日常使用需求。

建立北京城市公园数据库，对公园按照功能、规模、服务半径等分级（图5-14），综合考虑公园的绿地率、人均公园绿地面积、绿色空间布局、位置和功能状态对人的满足程度和绿地的可达性等因素。利用绿地分级系统标准，判断不同区域绿地对城市居民的满足程度，并且按照居民在平常的生活中亲近自然的原则，规划新的公园绿地，确定每块绿地的服务范围。使得北京城市公园分布更加合理。同时大型公园和中小型公园互补性发展，达到"500米见园"的服务标准，构建起北京新的公园体系。

在数据库建立和公园系统分级的基础上，进一步优化大型公园的布局和结构。在北京城市公园"两轴、四环、多道、多中心"的整体空间优化布局思路下，按照《北京市城市总体规划（2016~2035年）》中提出的北京中心城区绿道系统，构想未来北京绿道系统的建设（图5-14）。中心城区应当在六海体系的基础上，继续延续绿色自然空间轴线。中心城区由于面积的限制已经无法再继续大量增加公园面积，但是可以通过"公园路"及林荫大道的建设，构建起北京中心城区的城市公园群，加强中心城区公园的连接性，并在城市公园群的基础上建设起历史文化精华绿

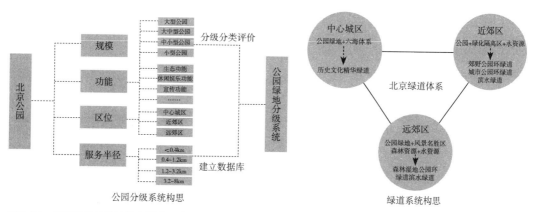

图5-14 公园分级系统及北京绿道系统设想构思

道；城市近郊区要充分把握北京社会空间分异，合理布局城市郊野公园和区域公园，兼顾各种人群的使用需求和发挥大型公园的生态作用，结合北京绿化隔离区中的绿地及建设区，建设起近郊区郊野公园环绿道、城市公园环绿道以及滨水绿道；城市远郊区的大型公园建设主要以发挥生态作用为主，通过连接外围山区生态屏障和五河系统，建立起森林湿地公园环绿道，缓解北京所面临的城市问题。通过中心城区、近郊区以及远郊区的大型公园建设，带动中小型公园及公共绿地的建设，与北京现有自然资源和绿化隔离区结合，建立起北京市域范围内的绿道体系，最终在整个北京形成合理的绿色空间网络。

（3）针对大型公园形态分类不均衡的情况

公园形态是由多种因素共同决定的，主要受限于北京城市路网的结构。在建设以生态为主要作用的大型公园时，应当处理好与周边路网的关系。远郊区大型公园周边的路网建设以城市支路为主，在建造大型生态公园的时候可以适当地突破路网限制，多建设以指状形态和带状形态为主的生态公园，使得公园的生态功能得以最大发挥。同时在建设大型公园时应当避免城市道路直接穿过公园，将公园分割开来的情况，应当处理好道路与大型公园的交叉口，在不影响周边城市交通的情况下，通过建设地下通道等措施，将城市道路变为公园的内部道路，保证公园的完整性。

大型公园对于周边交通基础设施和交通路网的建设具有一定促进作用。北京大型公园在这一方面发挥的作用较弱。应当在大型公园建设的同时，考虑其辐射范围内的道路交通建设，使二者相互促进，协同发展。北京中心城区以轨道交通为主体，公交系统为补充，步行系统为支撑，形成中心城区纵横交错、网络交织的交通系统，增强与大型公园的联系。城市近郊区加强轨道交通与快速公交合网建设，形成密集的、反射状结构的城市快速交通系统。远郊区通过开通公交专线，增设快速公交停靠站，开通公园与城市主干道、高速公路的道路连接，设置私家车营地等方式增强市民到达大型公园的便利性，提高大型公园的可达性，使得大型公园可以更好地服务于使用者。

（4）针对大型公园在城市中的价值没有得到充分开发的情况

应当利用北京城市副中心建设的机会，借鉴纽约中央公园的开发经验，建设出具有代表性意义的大型公园，充分发挥大型公园对城市的社会效益及经济效益价值的同时，提高北京城市品质和城市影响力。以大型公园为规划区中心区域，建造出围绕着大型城市公园布局的城市新区，合理引导公园周边土地开发，促进社会融合。除了引导大型公园周边区域合理布局与开发外，还应当加强大型公园周边产业和人口的聚集，使得大型公园周边的土地利用能够形成职住空间融合，加强商服用地、居住用地等城市人口密集地带公园绿地的建设发展，使城市公园的布局和建设与城市空间格局、土地利用和谐发展，大型公园绿地与城市功能区相互渗透，绿色景观与建筑景观相融合，共同提升城市的土地价值。大型公园应成为城市空间结构中重要的生活空间。同时，我国古典园林优秀的造园手法应当得以延续，在建造北京大型公园时，应当利用这些造园手法结合新时期的北京城市发展定位与特色，打造出具有北京特征的新时期大型公园，形成北京城市名片。

附　录

各时期大型公园名录

1995年大型公园目录

（1）八大处公园　（2）白水寺公园　（3）北海公园　（4）北京动物园

（5）北京石景山游乐园　（6）北京植物园　（7）朝阳公园

（8）大兴团河行宫遗址公园　（9）地坛公园　（10）法海寺公园　（11）妫水公园

（12）红领巾公园　（13）景山公园　（14）花乡公园　（15）莲花池公园

（16）琉璃庙湿地公园　（17）龙潭公园　（18）龙潭西湖公园　（19）日坛公园

（20）什刹海公园　（21）世界公园　（22）首钢松林公园　（23）顺义公园

（24）陶然亭公园　（25）天坛公园　（26）香山公园　（27）窑洼湖公园

（28）颐和园　（29）玉渊潭公园　（30）元大都城垣遗址公园　（31）园博园

（32）圆明园　（33）中山公园　（34）紫竹院公园

2000年大型公园目录

（1）八大处公园　（2）白水寺公园　（3）北海公园　（4）北京动物园

（5）北京石景山游乐园　（6）朝来森林公园　（7）朝阳公园

（8）大兴团河行宫遗址公园　（9）地坛公园　（10）法海寺公园

（11）妫水公园　（12）昊天公园　（13）红领巾公园　（14）景山公园

（15）花乡公园　（16）北京植物园　（17）中科院植物园　（18）莲花池公园

（19）琉璃庙湿地公园　（20）龙潭公园　（21）龙潭西湖公园

（22）牌坊体育公园　（23）青龙湖公园　（24）日坛公园　（25）什刹海公园

（26）世界公园　（27）首钢松林公园　（28）顺义公园　（29）陶然亭公园

（30）天坛公园　（31）夏都公园　（32）香山公园　（33）兴隆公园

（34）窑洼湖公园　（35）颐和园　（36）玉渊潭公园

（37）元大都城垣遗址公园　（38）园博园　（39）圆明园　（40）中华民族园

（41）中山公园　（42）紫竹院公园　（43）云岗国家森林公园

2005年大型公园目录

（1）八大处公园　（2）白水寺公园　（3）百望山森林公园　（4）北海公园

（5）北京动物园 （6）北京石景山游乐园 （7）朝来森林公园 （8）朝阳公园

（9）大兴团河行宫遗址公园 （10）地坛公园 （11）法海寺公园

（12）妫水公园 （13）国际雕塑公园 （14）海淀公园 （15）昊天公园

（16）红领巾公园 （17）江水泉公园 （18）金盏郁金香花园 （19）景山公园

（20）中科院植物园 （21）北京植物园 （22）云岗国家森林公园

（23）莲花池公园 （24）琉璃庙湿地公园 （25）龙潭公园

（26）龙潭西湖公园 （27）南宫旅游景区地热博览园 （28）青龙湖公园

（29）日坛公园 （30）赛纳园公园 （31）三里河湿地公园 （32）什刹海公园

（33）石榴庄公园 （34）世界公园 （35）首钢松林公园 （36）顺义公园

（37）陶然亭公园 （38）天坛公园 （39）西山国家森林公园

（40）夏都公园 （41）香山公园 （42）小龙门国家森林公园

（43）蟹岛绿色生态度假村 （44）窑洼湖公园 （45）冶仙公园 （46）颐和园

（47）玉渊潭公园 （48）元大都城垣遗址公园 （49）园博园 （50）圆明园

（51）运河公园 （52）中华民族园 （53）中山公园 （54）紫竹院公园

2010年大型公园目录

（1）奥林匹克森林公园 （2）八达岭国家森林公园 （3）八大处公园

（4）白虎涧森林公园 （5）白鹿郊野公园 （6）白水寺公园

（7）半壁店森林公园 （8）北宫国家森林公园 （9）北海公园

（10）北京动物园 （11）北京汉石桥湿地公园 （12）北京石景山游乐园

（13）北京野生动物园 （14）北京植物园 （15）北小河公园

（16）滨河世纪广场公园 （17）常营公园 （18）朝来农艺园

（19）朝来森林公园 （20）朝阳公园 （21）翠湖国家湿地公园

（22）大石窝中华石雕艺术园 （23）大望京公园 （24）大兴古桑国家森林公园

（25）大兴团河行宫遗址公园 （26）大杨山国家森林公园 （27）丹青圃公园

（28）地坛公园 （29）东坝郊野公园 （30）东升八家郊野公园

（31）杜仲公园 （32）法海寺公园 （33）富恒观光园 （34）高鑫公园

（35）古塔公园 （36）妫水公园 （37）国际雕塑公园 （38）海淀公园

（39）海棠公园 （40）海子公园 （41）昊天公园 （42）红领巾公园

（43）鸿博公园 （44）黄松峪国家森林公园 （45）江水泉公园

（46）将府公园 （47）金田郊野公园 （48）金盏郁金香花园

（49）京白梨大家族主题公园 （50）京城槐园 （51）京城梨园

（52）景山公园 （53）鹫峰国家森林公园 （54）喇叭沟门国家森林公园

（55）莲花池公园 （56）龙潭公园 （57）龙潭西湖公园

（58）蟒山国家森林公园 （59）南宫旅游景区地热博览园 （60）牌坊体育公园

（61）琦峰山国家森林公园 （62）青龙湖公园 （63）日坛公园

（64）赛纳园公园 （65）三里河湿地公园 （66）森鑫森林公园

（67）上方山国际森林公园 （68）什刹海公园 （69）石榴庄公园

（70）世界公园 （71）世界花卉大观园 （72）首钢松林公园 （73）顺义公园

（74）太阳宫公园 （75）太阳宫体育休闲公园 （76）桃苑公园

（77）陶然亭公园 （78）天门山国家森林公园 （79）天坛公园

（80）天元公园 （81）旺兴湖公园 （82）五座楼森林公园

（83）西山国家森林公园 （84）夏都公园 （85）香山公园

（86）小龙门国家森林公园 （87）兴隆公园 （88）丫髻山森林公园

（89）冶仙公园 （90）野鸭湖湿地公园 （91）颐和园

（92）云岗国家森林公园 （93）永定门公园 （94）玉东公园

（95）玉渊潭公园 （96）元大都城垣遗址公园 （97）园博园 （98）圆明园

（99）云蒙山国家森林公园 （100）运河公园 （101）中华民族园

（102）中华文化园 （103）中山公园 （104）紫竹院公园

2017年大型公园目录

（1）奥林匹克森林公园 （2）八达岭国家森林公园 （3）八大处公园

（4）白虎涧森林公园 （5）白鹿郊野公园 （6）百望山森林公园

（7）半壁店森林公园 （8）半塔郊野公园 （9）北宫国家森林公园

（10）北海公园 （11）北京动物园 （12）北京国际鲜花港

（13）北京汉石桥湿地公园 （14）北京欢乐谷 （15）北京石景山游乐园

（16）北京世纪广场 （17）北京野生动物园 （18）北京植物园

（19）北坞公园 （20）北小河公园 （21）滨河世纪广场公园 （22）常营公园

（23）朝来农艺园 （24）朝来森林公园 （25）朝阳公园

（26）大石窝中华石雕艺术园 （27）大屯黄草湾郊野公园 （28）大望京公园

（29）大兴古桑国家森林公园 （30）大兴团河行宫遗址公园

（31）大杨山国家森林公园 （32）丹青圃公园 （33）地坛公园

（34）东坝郊野公园 （35）东升八家郊野公园 （36）杜仲公园

（37）法海寺公园 （38）富恒观光园 （39）高碑店百花公园 （40）高鑫公园

（41）古塔公园 （42）妫水公园 （43）国际雕塑公园 （44）海淀公园

（45）海棠公园 （46）海子公园 （47）昊天公园 （48）红领巾公园

（49）鸿博公园　（50）槐新公园　（51）黄松峪国家森林公园　（52）减河公园

（53）江水泉公园　（54）将府公园　（55）金田郊野公园

（56）金盏郁金香花园　（57）京白梨大家族主题公园　（58）京城槐园

（59）京城梨园　（60）京城体育场郊野公园　（61）经仪郊野公园　（62）景山公园

（63）静之湖森林公园　（64）鹫峰国家森林公园　（65）看丹公园

（66）喇叭沟门国家森林公园　（67）来广营清河营郊野公园　（68）老山郊野公园

（69）莲花池公园　（70）莲花山森林公园　（71）龙门涧森林公园　（72）龙潭公园

（73）龙潭西湖公园　（74）绿堤公园　（75）蟒山国家森林公园

（76）南宫旅游景区地热博览园　（77）念坛公园　（78）牌坊体育公园

（79）平庄郊野公园　（80）琦峰山国家森林公园　（81）青龙湖公园

（82）清源公园　（83）日坛公园　（84）赛纳园公园　（85）森鑫森林公园

（86）上方山国际森林公园　（87）什刹海公园　（88）石榴庄公园　（89）世界公园

（90）世界花卉大观园　（91）树村郊野公园　（92）双龙峡东山森林公园　（93）顺义公园

（94）太平郊野公园　（95）太阳宫公园　（96）太阳宫体育休闲公园

（97）桃苑公园　（98）陶然亭公园　（99）天门山国家森林公园　（100）天坛公园

（101）天元公园　（102）旺兴湖公园　（103）五座楼森林公园

（104）西山国家森林公园　（105）夏都公园　（106）香山公园

（107）小龙门国家森林公园　（108）晓月公园　（109）蟹岛绿色生态度假村

（110）兴隆公园　（111）丫鬟山森林公园　（112）窑洼湖公园　（113）冶仙公园

（114）颐和园　（115）亦新郊野公园　（116）银河谷森林公园

（117）永定河森林公园　（118）永定门公园　（119）勇士营郊野公园

（120）榆树庄公园　（121）玉东公园　（122）玉泉公园　（123）玉渊潭公园

（124）御康公园　（125）元大都城垣遗址公园　（126）园博园　（127）圆明园

（128）云蒙山国家森林公园　（129）运河公园　（130）中华民族园

（131）中华文化园　（132）中山公园　（133）紫竹院公园　（134）三里河湿地公园

（135）云岗国家森林公园　（136）翠湖国家湿地公园　（137）野鸭湖湿地公园

（138）长沟湿地公园　（139）马坊小龙河湿地公园　（140）雁翅九河湿地公园

（141）穆家峪红门川湿地公园　（142）琉璃庙湿地公园　（143）首钢松林公园

（144）白水寺公园　（145）和义郊野公园　（146）西峰寺森林公园

（147）龙山森林公园　（148）霞云岭国家森林公园

参考文献

[1] （美）尼娜-玛丽·理斯特. 可持续大型公园：生态化设计还是设计师的生态学？[M]// （美）茱莉娅·克泽尼亚克，乔治·哈格里夫斯. 大型公园. 大连：大连理工大学出版社，2013：36.

[2] Dennis H. Regaining paradise：Englishness and the early garden city movement. [J]. Journal of Historical Geography，2001，27（4）：605-606.

[3] William H W. The city beautiful movement. [M]. Baltimore and London: The Johns Hopkins University Press，1986.

[4] Olmsted F L. Public parks and the enlargement of towns [M]. New York：Ayer Go Pub，1970.

[5] Irving D F. Frederick Law Olmsted and the city planning movement in the United States[M]. UMI Research Press，1986.

[6] Rettie D F. Our national park system[M]. Chicago：University of Illinois Press，1995.

[7] （英）埃比尼泽·霍华德. 明日的田园城市[M]. 金经元，译. 上海：商务印书馆，2000.

[8] Davie Thomas. London's Green Belt [M]. London：Faber and Faber Limited，1995.

[9] Little C E. Greenways for American [M]. Baltimore and London：The Johns Hopkinss University Press，1995.

[10] Tom Turner. Greenway planning in Britain:recent work and future plans [J]. Lanscape and Urban Planning，2005.

[11] Forman R T T，Godron M. Landscape Ecology[M]. New York: John Wiley，1986.

[12] 毛小岗. 北京城市公园的空间格局、便利性与宜人性研究. [D]. 北京：北京师范大学，2012.

[13] （美）刘易斯·芒福德. 城市发展史——起源、演变与前景. [M]. 倪文

彦，宋俊岭，译．北京：中国建筑工业出版社，2003．

[14] （英）曼纽尔·鲍德-博拉，费雷德·劳森．旅游与游憩规划设计手册[M]．唐子颖，吴必虎，译．北京：中国建筑工业出版社，2004．

[15] （美）古德．国家公园游憩设计[M]．吴承照，姚雪艳，译．北京：中国建筑工业出版社，2003．

[16] Turner T．Open space planning in London[J]．Town Planning，1994（3）：7-11．

[17] Baud-bovy M，Lawson F．Tourism and recreation handbook of planning and design[M]．Reed Education and Professional Publishing Ltd，1998．

[18] Uy P D，Nakagoshi N．Analyzing Urban green space pattern and eco-network in Hanoi，VIETNAM[J]．Landscape and Ecological Engineering，2007，3（2）：143-157．

[19] Kong F，Nakagoshi N．Spatial-temporal gradient analysis of urban green spaces in Jinan，China[J]．Landscape and Urban Planning，2006，78（3）：147-164．

[20] 肖笃宁，李秀珍．景观生态学[M]．2版．吴承照，姚雪艳，译．北京：科学出版社，2010．

[21] 李博，宋云，俞孔坚．城市公园绿地规划中的可达性指标评价方法[J]．北京大学学报（自然科学版），2008，44（4）：618-625．

[22] 傅伯杰．黄土区农业景观空间格局分析[J]．生态学报，1995，5．

[23] 祝昊冉，冯建．北京城市公园的等级结构及其布局研究[J]．城市规划，2008，15（4）：76-83．

[24] 张立明．中国海洋主题公园的时空分布与影响因素[J]．旅游学刊，2007，22（4）：67-72．

[25] 徐征．中国城市体育公园空间布局的研究[D]．北京：北京体育大学，2007．

[26] 黄鹤，祝宁．哈尔滨市域范围内森林公园布局研究[J]．中国城市林业报，2010，8（5）：33-35．

[27] 彭历．北京城市遗址公园研究[D]．北京：北京林业大学，2011．

[28] 谢军飞，李炜民，李延明，等．基于Patch Analyst的北京城市公园景观格局指数评价[J]．城市环境与城市生态，2007，20（6）：14-19．

[29] （美）茱莉娅·克泽尼亚克，乔治·哈格里夫斯．大型公园[M]．大连：大连理工大学出版社，2013．

[30] 营建署．公园绿地管理及设施维护手册[S]，1999．

[31] 韩炳越，郜建人．大型公园绿地引领城市发展[J]．中国园林，2014：74-78．

[32] 董华叶．郑州市公园绿地景观多样性研究[D]．郑州：河南农业大学，2009．

[33] 连丽花．常州市公园绿地布局研究[D]．南京：南京林业大学，2010．

[34] 谭纵波．美丽的传说——纽约中央公园的来龙去脉[N]．经济观察报，2004-10-19．

[35] 郑功韧，李小觅．大型公共绿地对当代城市空间形态的影响[J]．中外建筑，2010：68-70．

[36] 张翰卿．美国城市公共空间的发展历史[J]．规划师，2005，21（2）：111．

[37] 李倞，徐析．以发展过程为主导的大型公园适应性生态设计策略研究[J]．中国园林，2015：66-70．

[38] 北京市规划和国土资源管理委员．北京市城市总体规划（2016—2035年）[S]．

[39] 北京市园林绿化局．北京市城市园林绿化普查资料汇编[M]．北京：北京出版社，1995；2000；2005．

[40] 北京市园林绿化局．北京市园林绿化年鉴[M]．北京：北京出版社，1995；2000；2005；2010；2015．

[41] 北京市公园管理中心，北京市公园绿地协会．北京公园分类及标准研究[M]．北京：文物出版社，2011．

[42] 北京市统计局，国家统计局北京调查总院．北京统计年鉴（2015）[M]．北京：中国统计出版社，2015．

[43] 杨鑫，吴思琦，张琦．Quantitative analysis and comparative study of four cities green pattern in API system on the background of big data[J]．IACP，2017．

[44] 闫洪杰．城市公园景观设计与老人需求的适配[J]．北京园林，2011：13-17．

[45] 浦欣成．传统乡村聚落二维平面整体形态的量化方法研究[D]．杭州：浙江大学，2012．

[46] （美）德拉姆施塔德，詹姆斯·D·奥尔森，理查德·T·T·福曼．景观设计和土地利用规划的景观生态学原则[M]．北京：中国建筑工业出版社，2010．

[47] 罗伯特·E·索默尔．内容[M]//（美）茱莉娅·克泽尼亚克，乔治·哈格里夫斯．大型公园．大连：大连理工大学出版社，2013．

[48] 牟乃夏，刘文宝，王海银，等．ArcGIS10地理信息系统教程——从初学

到精通[M]．北京：测绘出版社，2012．

[49] 田至美．北京地区生态旅游资源的地段美和时序美[J]．北京联合大学学报，2001：144-147．

[50] 史明正．走向近代化的北京城——城市建设与社会改革[M]．北京：北京大兴出版社，1995．

[51] 乔永学．北京城市设计史纲（1949—1978）[D]．北京：清华大学，2003．

[52] 北京市规划和国土资源管理委员．北京市城市总体规划（2004—2020年）[S]．

[53] 姚雪松，冷红．公园时空演变过程中的城市总体规划影响——以长春市为例[J]．风景园林理论，2017：85-90．

[54] 高贺，冯树民，郭彩香．城市道路网结构形式的特点分析[J]．森林工程，2006：28-31．

[55] 吴淑琴．北京城市园林绿化系统规划20年[J]．北京规划建设，2006：62-66．

[56] 梁思成．人民首都的市政建设[M]//梁思成．梁思成全集：第五卷．北京：中国建筑工业出版社，2001．

[57] Yang J，Jinxing Z．The failure and success of greenbelt program in Beijing [J]．Urban Forestry & Urban Greening，2007，6（4）：287-296．

[58] 欧阳志云，王如松，李伟峰，等．北京市环城绿化隔离带生态规划[J]．生态学报，2005：965-971．

[59] 韩昊英，龙瀛．绿色还是绿地?——北京市第一道绿化隔离带实施成效研究[J]．北京规划建设，2010：59-63．

[60] 徐波，郭竹梅，钟继涛．北京城市环境建设的新课题——北京市绿化隔离地区绿地总体规划研究[J]．中国园林，2001：3．

[61] 北京市园林局．关于实施平原地区百万亩造林工程的意见[S]．2012．

[62] 张雪辉．北京市百万亩造林工程发展战略研究[D]．北京：北京林业大学，2012．

[63] 北京市园林绿化宣传中心．北京"十三五"园林绿化绘就新蓝图——"十三五"北京市计划新增城市绿地2300公顷[J]．国土绿化，2016（4）：24-29．

[64] 中华人民共和国住房和城乡建设部．关于促进城市园林绿化事业健康发展的指导意见（建城〔2012〕166号）[R]．2012．

[65] 仇宽彪，贾宝泉，成军锋，等．北京市五环内主要公园效应及其主要影响因素[J]．生态学杂志，2017，36（7）：1984-1992．

[66] 陈自新，苏雪痕，刘少宗，等．北京城市园林绿化生态效益的研究[J]．中

国园林，1998（7）：57-64．

[67] 潘剑彬．北京奥林匹克森林公园绿地生态效益研究[D]．北京：北京林业大学，2011．

[68] 潘剑彬，董丽，廖圣晓，等．北京奥林匹克森林公园二氧化碳浓度特征研究[J]．北京林业大学学报，2011，33（1）：31-36．

[69] Krueger A P，Reed E J．Biological impact of small air ions [J]．Science，1976，193（4259）：1209-1213．

[70] Korublue I H，The clinical effect of aero-ionization [J]．Medical Biometerology，1990，33（2）：25-29．

[71] 潘剑彬，董丽，廖圣晓，等．北京奥林匹克森林公园空气负离子浓度及其影响因素[J]．北京林业大学学报，2011，33（02）：61-66．

[72] Lind2anm J，Constantnidou H，Barchet W．Plants as sources of airborne bacteria，including ice nucleation-action bacteria[J]．Applied and Environmental Microbiology，1982，44（5）：1059．

[73] 潘剑彬，董丽，乔磊，等．北京奥林匹克森林公园空气菌类浓度特征研究[J]．中国园林，2010，26（180）：7-11．

[74] 李战修，祁建勋，付超．大型公园绿地的规划设计与思考——以北京南海子公园（二期）规划设计为例[J]．北京园林，2012（28）：8-16．

[75] 陈庚．大型城市公园绿地对住宅价格的影响——以北京市奥林匹克森林公园为例[J]．资源科学，2015：2202-2210．

[76] 刘新北．纽约中央公园的建立、管理和利用及其影响研究（1851~1976）[D]．上海：华东师范大学，2009．

[77] 杨鑫．历程·格局·尺度——四座世界城市的绿地空间研究[M]．北京：化学工业出版社，2017．

[78] 杨忆妍，李雄．英国伯肯海德公园[J]．风景园林，2012：115-120．

[79] 侯仁之．北海公园与北京城[J]．文物，1980：10-12．

[80] 徐颖．北京北海的保护和利用初探 [D]．北京：北京林业大学，2007．

[81] 赵晶，朱霞清．城市公园系统与城市空间发展——19世纪中叶欧美城市公园系统发展简述[J]．中国园林，2014：13-14．

[82] （英）特里·法雷尔．伦敦城市构型、形成与发展[M]．杨至德，杨军，魏彤春，译．武汉：华中科技大学出版社，2010：246．

[83] 张庆费，乔平，杨文悦．伦敦绿地发展特征分析[J]．中国园林，2003：55-58．

后　记

　　本书主要利用ArcGIS平台对北京大型公园的空间格局及演变机制进行了量化研究，得到的结论主要包括以下几个方面（本书所使用的北京市地图基础数据来源于国家基础地理信息中心1：25万公开版数据）：

　　（1）利用ArcGIS平台对北京市域范围内，面积大于20hm²的大型公园现状空间格局（主要包括对北京大型公园的现状分布，大型公园的功能分类以及大型公园的空间形态）进行量化统计分析。北京大型公园的现状分布上呈现出多核心、局部集中、整体分散的分布特征。大型公园主要集中在东北部和西南部，其次是西北部，东南部大型公园分布最少，外围区域几乎没有大型公园。北京大型公园的功能分类大致为七类，其中以历史名园、区域公园及生态公园为主。北京大型公园的空间形态上，团状公园约占了总数的3/4，覆盖面积最广，各个方位分布较为均匀；带状公园分布较为均匀，多是沿着道路及河流延展开来；指状公园分布最少，主要分布在六环以外与北部。

　　（2）利用ArcGIS平台对北京大型公园的空间演变（各时期大型公园的变化及各时期大型公园的空间特征）进行量化统计。1995~2005年大型公园面积及公园数量增长幅度较慢。2005~2017年，大型公园面积及公园数量有了较大的增长，这个增长主要集中在四环到五环内以及六环外，四环内的大型公园保持一个相对稳定的状态，在方位上的分布是东南及西南部增长幅度较小，其他方位增长幅度较为稳定。对各时期的分布特征进行统计分析可以发现北京大型公园于2005年前以集中为主要特点，2005年后整体分散的特点更为明显。在轴线方向上，北京大型公园沿着明显的轴线分布，由集中在六环内建设逐渐转变为向外围建设，由主要集中在西部建设忽略东部建设转变成为逐步增加对东部公园的建设。在分布密度上，北京大型公园具有明显的向心性，公园的分布重心也由单一的重心向外扩散，在中心城区和近郊区形成多重心的格局，随着时间的推移，大型公园逐渐向偏远郊区进行蔓延。

　　（3）通过以上对北京大型公园的空间格局量化统计分析，总结出北京大型公园的演变机制。城市规划是大型公园分布的骨架，绿地系统规划能够直接影响大型公园的空间格局，也是最为重要的因素，大型公园的空间格局与这两个因素密不可分。自然因素为大型公园的建设提供资源基础，人口经济因素为大型公园的建设提供需求基础，交通基础设施对部分大型公园的形态有直接影响，重大历史事件在一定程度上会影响部分区域大型公园的分布，这些因素均对大型公园的分布起到影响，但是影响的程度较低，最为重要的因素是北京的城市规划与北京的绿地系统规划。

（4）针对北京大型公园空间发展存在的主要问题进行分析。大型公园总量不够，与国外发达国家之间仍然存在着差异，人均大型公园面积过低。大型公园总体分布不均衡，在方位上呈现出东北及西南多、东南少的情况；在距离上，结合人均大型公园密度来看，中心城区及近郊区大型公园密度较高，但人均大型公园密度低；远郊区大型公园密度低，人均大型公园密度高。在公园体系方面，大型公园主要以生态公园为主，且各类型分布不均衡，未能构建完善的公园体系；大型公园的休闲游憩功能未能得到充分发挥，不能满足人们的日常使用；生态功能受到形态的限制，发挥的作用受到制约；整体缺少能够彰显北京文化、带动北京城市发展的典型大型公园，大型公园的价值未能得到有效发挥。

（5）针对以上大型公园空间发展中存在的问题，在《北京市城市总体规划（2016~2035年）》的基础上，提出相应的改造策略意见。首先，应当进一步增加大型公园的数量及面积，保证大型公园功能及分布的均衡合理性；其次，要重视大型公园在城市规划及绿地系统中的作用，在条件允许的情况下，建造出围绕着大型城市公园布局的城市新区，合理引导公园周边土地开发，促进社会融合；最后，应当与中小型公园的分布相结合，形成完善的城市公园体系。在公园体系的基础上，结合绿化隔离区和山水林田湖草资源，建立起北京市域范围内的完善公园系统。

随着"十三五"规划的开始以及新的北京城市规划（2016~2035年版）出台，可以看到国家及政府对于城市公园建设的重视，新的城市规划中提出的打造三道"公园环"的方针策略势必会直接影响到大型公园的格局，各区政府也在总的方针策略的指导下建设城市公园。朝阳区计划在十个乡建立起连片的大型公园网；海淀区要将"唐家岭"打造成为百亩的森林公园；石景山区着重改造城市环境，力争将547个脏乱大杂院改造成为绿荫及城市公园；通州作为城市副中心将建成38个公园其中包括九大森林湿地等。通过各区政府发布的这些文件，可以预见未来北京大型公园的建设将会有质的飞跃，大型公园的空间格局也将更为合理。

建工出版社微信

责任编辑：张 华 唐 旭
书籍设计：锋尚设计

ISBN 978-7-112-24891-9

经销单位：各地新华书店、建筑书店
网络销售：本社网址 http://www.cabp.com.cn
　　　　　中国建筑出版在线 http://www.cabplink.com
　　　　　中国建筑书店 http://www.china-building.com.cn
　　　　　本社淘宝天猫商城 http://zgjzgycbs.tmall.com
　　　　　博库书城 http://www.bookuu.com
图书销售分类：城市规划·城市设计（P20）

9 787112 248919 >

（35620）定价：98.00元